SHIWAN GE WEISHENME

# 十万个为什么

动物传奇

新世纪版

金杏宝 主编

U0732931

少年儿童出版社

**动物分册　主　编　金杏宝**

（上海自然博物馆副馆长　研究员）

**撰稿者**（排名不分先后）

金杏宝　华惠伦　岑建强　余千里　王生清
慎彦龙　吴瑞华　马丽琴　杜　云　郁惠芳
郝思军　裘树平　张作人　黄正一　赖　伟
盛和林　张伯文　虞　快　劳伯勋　王敬东
周满章　梁传诗　刘浦山　张学东　王继筠
裘永根　黄　洽　邓国藩　童致楼　王世维
汪　松　方惠泰　沈卉君　卢汰春　孙仲康
杨集昆　王林瑶　钦俊德　于瑞荣　李继庸
马素芳　奚觉民　管致和　陈宁生　朱国凯
王幼槐　王承周　邵　沅　陈素芝　许维枢
韩关治　曹玉茹　伍　津　黄祝坚　唐蟾珠
冼耀华　谢善勤　钱燕文　叶茂蜀　张曼丽
高耀亭

SHIWANGE

WEISHENME

录

SHIWANGE    WEISHENME

1

# 生命是什么时候诞生的

我们生活的地球，千姿百态，气象万千，充满生命的朝气。迄今为止，世界上已知的生物种类就有140万种以上，加上许许多多尚未发现的大量新种类，科学家们估计，整个地球上，大概存在着1000万～3000万种生物。奇妙的是，这些数量庞大、形态各异的种类，都是由同一个祖先演化而来的。那么，这个最古老的祖先，是什么时候诞生的，又是怎样发展的呢？

要解答这个问题，最主要的证据就是化石。目前，人类所知道的最古老的化石是在澳大利亚发现的原始细菌类，它的生存年代大约是在35亿年前，据此推测，生命的老祖宗，可能就是在35亿年前出现的。

40亿年前，地球上形成了原始的海洋，当时，海水的温度很高，随着水温的逐渐下降，生命的诞生才具备了必要的外部条件。

不过，大气的情况依然很糟糕，空气中几乎没有氧，这样，最早出现的原始生命只能是不需要氧气的厌氧性生物。而且，由于缺乏氧气，地球上空不可能形成臭氧层，离开了臭氧层的阻挡，紫外线如入无人之境，一路杀来，威胁着脆弱的生命，于是，原始的生命只好龟缩在十几米甚至几十米深的海中生活。

随着生物的缓慢发展，到了26亿年前，蓝绿藻出现了，这种藻类具备了叶绿素，可以通过光合作用制造出氧，于是，适应于有氧环境的单细胞生物登上了历史的舞台。那时候的大部分氧,都与海水中的铁结合而形成了氧化铁,由此而形成了今天依然遍布世界的铁矿床,这一资源,支撑着当今社会70%的用铁需要,可算是古老时代地球留给我们现代人类的巨额遗产。

了解一些遗传规律的人可能会问,生命的延续是通过上一代赋予的 DNA 遗传密码信息来进行的,这样的话,第一个生命的遗传密码是谁给予的呢?

很多科学家为此作了大量的研究,其中,美国化学家乌雷和米勒设计了一个非常著名的实验,试图揭开这一谜底。他们在烧瓶中装入水和原始地球时期的各种大气成分如氨、甲烷、氢等,并采用放电的形式来模拟闪电。一周后,烧瓶中产生了甲酸、乙酸、乳酸等有机分子,还有构成蛋白质的甘胺酸、丙胺酸等氨基酸成分。显然,闪电等自然现象可以制造出形成生命的分子,但要从分子发展到原始的生命无疑是一个极其漫长的过程,不可能用一个简单的实验就能得出结果。但无论如何,实验带来了生命发展的可能轨迹,并为进一步的研究打下了基础。

生命发展到了 16 亿年前,多细胞生物形成了,从此,生命的演化变得越来越快捷,到了大约 7 亿年前,肉眼可辨的海栖无脊椎动物出现了,并得到了迅速的繁荣,澳大利亚著名的埃迪卡拉生物群就是这一时期的产物。

大约在 5 亿 7000 万年前,生物发展出了硬组织结构,它与软组织生物明显不同的是,它们很容易变成化石,所以,世界各地的化石记录从这一时期开始迅速增加,地质学上就把这一时期称为寒武纪的开始。

寒武纪的到来,标志着生物的急剧多样化,因此,这一时期也被称为生命的大爆发时期，今天我们在世界上所能列出的许多纲的代表生物，都可以在这一时期的化石群中找到。

☞ 关键词：生命　厌氧性生物　臭氧层
　　　　　　原始细菌　蓝绿藻

# 生物为什么会灭绝

度度鸟、北美旅鸽，这些曾经在地球上大量存在的物种，早已成为了历史的遗物，而东北虎、非洲象、黑猩猩等珍贵物种，现在也到了生死存亡的关键时刻。科学家们估计，我们生活的这个时代，正是生物发展史上前所未有的物种浩劫时代，其灭绝的速度大概等于恐龙时代的4000倍。那么，好不容易演化成功的生物为什么会灭绝呢？现在灭绝的速度为什么又

那么快呢?

我们先来看看度度鸟是如何灭绝的。曾经栖息在非洲马达加斯加岛上的度度鸟身长有1米,体重可达20千克,虽然被称为鸟,但如同我们现在常见的家养鸡鸭一样,它们早已失去了飞翔的能力。当人类的足迹踏上这块肥沃的土地时,度度鸟的肉很快地出现在餐桌上,于是,在不到200年的时间里,度度鸟被人类的肠胃消灭得干干净净。

北美旅鸽差不多经历了同样的命运,只不过灭绝的速度更快。当年,在美国和墨西哥之间大约有几十亿只北美旅鸽在自由翱翔,数量多得让人感到害怕,于是,不绝的枪声响彻天空,到了1914年,这种小东西就走上了绝路。

从以上两个例子我们可以看到,人类活动是一些动物灭绝的主要原因。随着人类社会的不断发展,当人们开始使用各种现代化的工具砍树伐林时,昔日的森林田野逐渐被高楼大厦占领,许许多多物种的欢乐家园遭到了毁灭。

人类在发展自身生存空间的同时,还直接造成了各种污染源。污水和废水的排放使低等动物的繁殖受到了严重的影响,也使高等动物的饮水发生了困难,于是,我们看到在一些工业化程度较高的地区,不仅是野生动物,有时连家养动物也会发生畸形。如此下去,这些动物种类的灭绝只是时间上的问题。

人类还把许多动物送上了餐桌,比如青蛙,自从成了菜市场上的常客以后,农田管理就开始越来越依赖农药杀虫,而农药的污染反过来又破坏了青蛙的生态环境,这种恶性循环必将导致青蛙走上灭绝之路。其实,不仅是青蛙,爬行类、鸟类、哺乳类,甚至昆虫,都成了食客们追逐的对象。一个生物种类的产生要经过几万年、几十万年的演化变迁，而要消灭它，或许只需要几年时间。

　　当然，有些物种的灭绝是生物演化史上的一种必然，比如6亿年前的埃迪卡拉生物群落，由于动物的发展出现了甲壳类等硬组织群体，那些仅具软体组织结构的生物就变得不堪一击，只好成为其他动物口中的佳肴，可以这样说，这是一类承前启后的生物物种。

关键词：物种　灭绝　埃迪卡拉生物群

# 酶在生物体内起什么作用

　　不管动物、植物或是人类，体内都存在着各种各样的酶，它们的生命活动都离不开酶的帮助。

　　如此重要的酶，实际上是生物体内一类有催化作用的蛋白质。在酶的作用下，生物才会有消化、呼吸、运动、生长、发育、繁殖等生命活动，才会产生新陈代谢等化学变化。

　　由于酶具有超强的催化作用，可以把生物体内的生化反应提高 1 亿 ~ 100 亿倍。例如人类或一些高等动物，所吃下去的食物中含有大量的淀粉，这些淀粉进入生物体内，如果没有淀粉酶参与催化，就无法水解成生物体可以利用的单糖。

　　可以这样说，动物将食物送进肠道消化分解，然后，分解出来的物质被吸收后，在各个组织细胞内进行复杂的变化，并且表现出各种生命现象，都是在酶的作用下进行的。其实，不仅仅是动物和人类，植物的种子发芽、开花、结果，以及所进行的光合作用过程,也无时无刻不能没有酶的帮助。

在生物体内发挥重要作用的酶,也特别适宜"生存"在生物体内。这是因为酶对高温特别敏感,而生物体内的生化反应,都是在常温、常压下进行的,使酶总是处于活性状态。如果将酶加热,酶就会失去活性。

☞ 关键词:酶 催化作用

# 有没有不会死亡的生物

许许多多的生物,包括人,都免不了死亡的结局,这已经是为大家所认同的一种自然现象。可是,如果我们仔细地研究一下,却可以发现,对于细菌以及大多数的原生动物来说,死亡并不是一个必然的结果,这是怎么回事呢?生命又为什么会死亡呢?

我们知道,生命的本质是遗传基因。由于紫外线、污染等等外部因素的作用以及细胞内部的变化,基因的结构不可避免地会产生一定的损伤。通常,这种损伤可以通过细胞的自我修复功能加以消除,但是,如果损伤达到了一定的程度,修复便无法进行,或者说不能完全修复,这样的话,就会引起细胞的老化、器官的老化,最终导致生物体的死亡。

既然死亡是一种不可避免的结果,那么,为什么还会有不死的生物体呢?原来,所谓不死的那些细菌或者一些原生动物,都有一种很强的自我复制能力。以阿米巴变形虫为例,这种小型生物体,可以在很短的时间内,通过分裂,大量复制自我，这样，即使有些个体会老化，会死亡，但其他个体仍然在不断地复制，事实上，只要营养条件允许，它们可以一直复制下去。

人和其他多细胞动物之所以会死亡，是因为在人类的细胞中有阻止无限制分裂的机制，好像一个有效的刹车装置。如果不是这样的话，我们人类简直无法想象自己会有多么庞大。要是哪里的刹车装置

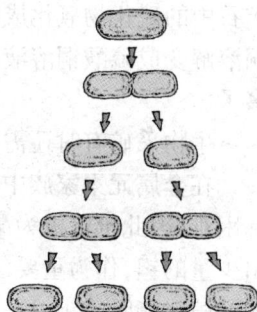

细菌的繁殖

失灵的话，那么，那里的细胞就会无限制地分裂繁殖下去，最终耗尽生物体内的全部营养，这样的细胞，也就成了癌细胞。

关键词：死亡　复制　修复　癌细胞

# 为什么生物也能采矿

说起矿区，我们的脑海中就会出现这样一个场面：工地上机器轰鸣，巨大的抓斗，把大量的矿石送到载重卡车上……

然而这种采矿方式，仅仅适合于开采富矿，对一些贫瘠的矿区，机械采矿和冶炼要付出高昂的费用，失去开采的经济价值。在这种情况下，科学家就利用生物来解决这个难题。

例如有些铜矿石含铜量很低，没有提炼价值，但浪费掉又很可惜，而细菌却正好能发挥出自己独特的作用。人们把矿石堆积在池水中，让一些特殊的细菌在池水中大量繁殖，它们把

7

矿石中的硫化物氧化成硫酸，而硫酸溶液又能把铜矿石中的铜溶解变成硫酸铜溶液。这样，我们从硫酸铜中提取铜就方便多了。

生物采矿有时还需要动物和植物同时参与。

在金属元素家族中有一名成员叫钽，它属于稀有金属，提炼困难，因此价格极为昂贵。以前，人们只能从实验室中提炼出少量的钽，作为重要的研究材料。后来发现，有一种叫紫苜蓿的植物能吸收钽，这一下，给生产较大数量的钽带来了新的希望。

但是，人们在实际生产中遇到了麻烦，因为紫苜蓿是一种很好的牧草，如果把它全部烧成灰，再从灰中提炼钽，大量的牧草就浪费掉了。为了解决这个矛盾，科学家又进行了更深入的研究，结果发现，紫苜蓿的花粉中含钽量特别高，于是想出了一个一举两得的好办法。人们在紫苜蓿牧草区放养大批蜜蜂，利用蜜蜂担任提炼钽的"二传手"。也就是说，请紫苜蓿负责吸收土壤中的钽，请蜜蜂负责采集花粉和酿造蜂蜜，最后由人类从蜂蜜中提炼出宝贵的钽。这样，紫苜蓿用不着烧毁，蜂蜜经过提炼依然很香甜，还是营养丰富的食品。

生物采矿的新方法，越来越受到人们的欢迎，因为它具有许多优点。这种采矿方式不需要大量复杂的设备，能把采矿、冶炼合二为一，不仅操作方便和降低成本，还特别适用于贫矿、废矿、尾矿以及矿渣的处理，起到了变废为宝的神奇作用。

关键词： 采矿　紫苜蓿　蜜蜂

## 动物与植物有哪些区别

动物和植物都属于生物，但它们又是完全不同的两大类生物，几乎人人都可以把它们区分开来。可是，有些种类既像动物又像植物，例如大家都熟悉的珊瑚，在100多年前，因为它看上去仿佛有根、茎、叶和枝条，还误认为它是一种植物呢。

那么，动物和植物究竟有哪些主要的区别呢？科学家归纳出四大方面。

几乎所有的植物，都在同一个地方发芽生长，开花结果，也就是说原地不动地度过一生。当然这中间也有少数例外，如随水漂流的小型水生植物。与植物相反，绝大多数动物为了觅

食、避敌或别的原因,经常跑来跑去,处于运动状态。

植物从小到大,各种器官一直在发生不同的增减变化,例如在幼小时期只有根、茎、叶,成年之后长出了花朵,花朵凋谢后再结出果实种子。而大多数动物(低等动物除外)不论老幼,五官四肢等各种器官不增不减,仅仅是体积大小的不同。例如刚生下的小狮子或小老虎,已经具备了与父母同样多的器官。

从两者的生活习性上说,植物有个十分重要的特点,那就是除了少数寄生和腐生植物外,它们都能进行光合作用,能自己制造"粮食"养活自己。而动物却无法做到这一点,它们只能依靠吃植物或捕食其他动物来养活自己。

植物与动物的区别,还有一条十分严格的标准。在显微镜下观察它们的细胞就会发现,植物的细胞都有一层又厚又硬的细胞壁,而动物细胞只有细胞膜,却没有细胞壁。

☞关键词: **动物　植物　细胞壁**

# 微生物有哪些特点

生物王国中有一类成员的个体特别小，因此科学家把它称为微生物。

微生物除了个体小之外，还有哪些与众不同的地方呢？首先，微生物有惊人的繁殖能力，只要条件适宜，它能在20分钟，甚至更短的时间内就可以繁殖出新的一代。如果没有自然条件的限制，一个微生物只需要两天时间的繁殖，子孙后代聚集在一起就有地球那么大，如此超强的繁殖力，是其他生物望尘莫及的。

微生物的生存适应能力也远远超过其他生物。例如有一种能进行光合作用的细菌，在光线照射下能不依靠氧气生活，可一旦把它放在黑暗环境中，它能马上改变过来利用氧气生活。如果再把它放到有光的地方，它又能立即进行光合作用，过着无氧生活。

科学家在研究微生物适应能力时发现，一旦它吸收的营养物质发生变化，它就会在1/1000秒内发生相应的变化。

如果环境条件出现急剧恶化，有些微生物会进入休眠状态，以抵御恶劣的外界环境，等外界条件有了改善，它又会重新复苏。又如处于休眠状态的细菌孢子，不怕高温、高压、干燥和饥饿，可以说，孢子几乎能在任何恶劣条件下生存。

微生物还有一个奇妙的特征是易变，也就是说，它容易随大自然的变化而变化，使自己能在其他生物无法生存的环境中安居乐业。例如，有些微生物竟能在90℃的水中，或者在稀硫酸、稀盐酸中生活。正因为如此，小小的微生物才成为地球上分布最广泛的一类生物。

# 微生物会自然发生吗

一盘食物放得久了,就会滋生出一些微小的生物来。有时候,我们只知道食物变质了,但却并不能看到这些微小的生物,那是因为我们的视力达不到那个程度。如果把食物放到显微镜下做一次检查,结果会让人大吃一惊,原来那里有着成千上万个小小生物,我们把这些小东西称为微生物。那么,食物中的微生物是怎么出现的呢?

摆在我们面前的事实是,食物中本来没有微生物,它们是后来滋生出来的,所以,早期的人们认为,微生物是从食物中自然产生的,这种学说就称为微生物的自然发生说。

17世纪的时候,意大利博物学家弗朗西斯科·雷迪否认了这种说法,他还为此做了一个实验,实验是这样的:在2个瓶子中都装入肉,一个瓶口打开,而另一个用薄布盖住,一段时间后,就有苍蝇飞入开口的瓶子中,随后生出蛆来,而另一个盖布的瓶子,却始终不见苍蝇和蛆。很显然,腐败的肉并不能产生苍蝇,新的苍蝇只能是上一代繁殖的结果,雷迪以此实验否定了自然发生说。但持相反意见的人就此发出疑问,他们认为,像苍蝇这类比较高等的动物不能自然发生,并不意味着微生物也不能自然发生,一时双方僵持不下。

转眼到了18世纪,英国天主教神父兼博物学家约翰·尼德汉也做了一个实验,以支持自然发生说。他把羊肉汁放在火上加热 5 分钟后,装入瓶中并用软木塞封住,照理来说,空气中的微生物和苍蝇在这种情况下无法进入瓶中, 也就不会有微生物发生。可是,几天后检查的结果却截然相反,羊肉汁中有大量的微生物在活动,于是,自然发生说找到了新的证据。

正在这时,意大利又出现了一个科学家,名叫拉扎洛·斯巴兰占尼。斯巴兰占尼认为,尼德汉的毛病可能出在加热 5 分钟这个环节上,如果 5 分钟不足以杀死瓶中所有的微生物,那么,这个结果就是正常的。为此,斯巴兰占尼仿照尼德汉的方法也做了一个实验, 他把羊肉汁分装成几瓶,瓶口加热后封死,其中一瓶加热 5 分钟,其余的加热 1 小时。

几天后,斯巴兰占尼做了检查,证实加热 5 分钟的羊肉汁瓶中长满了微生物,而加热 1 小时的羊肉汁瓶中没有任何微生物的存在。事情到此本该告一段落了,可是,尼德汉出来反击了:"加热 1 小时, 好不容易自然发生的微生物怕也要死得精光,况且,斯巴兰占尼用加热的方法封瓶时,恐怕把瓶中的空气一起排除了出去,在真空状态下,微生物如何生存呢?"

显然,尼德汉有些理屈词穷了,因为既然微生物可以自然发生,并不会在乎曾经加热过多少小时,问题只是在非真空状态下实验结果是否也成立。在这种情况下,斯巴兰占尼在进行下一个实验时,格外注意封瓶时避免空气外泄,结果证明是完全一样的,这样,尼德汉终于无话可说了。

1860 年,著名的法国化学家兼微生物学家巴斯德设计了一个更为合理的实验, 他把加热过的肉汁装入瓶颈细长而且弯曲的烧瓶中,既不限制空气的进出,也不加热烧瓶,结果发现,微生物都粘附在瓶颈的弯曲部位,而瓶中没有微生物的出现，很显然，微生物是从空气中侵入进去的，从而彻底否定了自然发生说。

当然，微生物和其他所有的生物一样，都是经过漫长的岁月渐渐演变而成的，但进化过程与上面所说的自然发生有本质的区别。

☞ 关键词：微生物　自然发生说　尼德汉
斯巴兰占尼　巴斯德

# 为什么土壤中的微生物特别多

如果你从一片肥沃的土壤中，挑取一点点土壤放到显微镜下检测，就会发现土壤中居住着许多奇形怪状、五花八门的微生物，简直就像进入到一个眼花缭乱的世界之中。在1克这样的土壤中，微生物的数量可多达几十亿呢，因此，人们就把土壤称为微生物最爱居住的"家"。

土壤中为什么有那么多微生物呢? 最主要的原因是，土壤为微生物提供了足够的食物，提供了适宜它们生存的环境条件。

我们知道，当各种各样的动植物死去后，它们的尸体残留在土壤中，这就使微生物有了取之不尽的食物。除此以外，土壤中还含有许多矿物质，如钾、钠、镁、铁、硫、磷等，这些都是保证微生物能正常生长的必需物质。

对微生物来说，土壤是一个特别舒适的生活环境。因为土壤中含有一定的水分能满足微生物的生长需要，而且还有适量的空气供微生物呼吸之用。此外，土壤的酸碱度接近于中性，这使大多数微生物都能适应。还有很重要的一点，那就是地表之外有春夏秋冬的冷热变化，而土壤里面的温度一年四季变化不大，夏天免受烈日灼烤，冬季没有寒风吹袭。

由于土壤具备了如此优越的环境条件，就为微生物的大量繁殖提供了理想的场所，因此，许多微生物都愿意生活在土壤中。

关键词：微生物　土壤

# 生物中谁的个头最小

如果说起生物王国中的大个子成员，如海洋中的鲸，陆地上的大象，还有身高达到 100 米的大树——巨杉，几乎所有的人都知道。但是，若要问生物中谁的个头最小，却不那么容易回答。

以前，人们一直认为细菌是最小的生物，因为人类的肉眼看不见它，只有在显微镜下才能见到。

1892 年，俄罗斯科学家伊万诺夫斯基发现了病毒，它的个头实在太小了，普通的显微镜根本找不到它的踪迹，必须依靠放大几万倍或几十万倍的显微镜，才能使病毒原形毕露。

起初，人们以为病毒不属于生物，因为它的结构太简单了，整个身体连一个完整的细胞也没有，而且它不像其他微生物那样，可以在培养基中生长繁殖。当人们把病毒从细胞中提

15

取出来后，仿佛表现不出有生命的现象，可是当它进入细胞后，却又显示出十足的生命特征。病毒似乎处于生物和非生物的边缘，但最终还是被归入到生物界中。

自从病毒被发现后，科学家一致公认，病毒是最小的生物。

但是到了1971年，科学家发现，引起马铃薯纺锤形块茎病的元凶，竟然是一种比病毒更小、更简单的生命物质。它和目前已知的最小病毒相比，还要小80倍，因此科学家将它起名为"类病毒"。

类病毒没有蛋白质，只有核酸，而且整个身体的分子量几乎等于一些无生命的有机大分子。所以，类病毒应该是目前人类发现的最小生物。

👉 关键词：　病毒　类病毒

## 为什么动物在沙漠中能够生存

沙漠在我们的印象中是一片极为贫瘠的土地，它最主要的特征就是缺水，除了号称"沙漠之舟"的骆驼因为有着特异

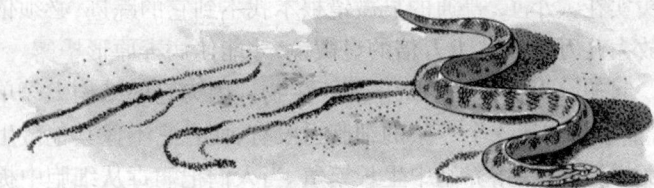

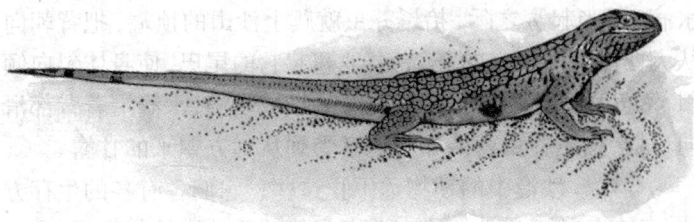

的储水功能而可以在其中自由行走以外，那里简直容不下任何生命。可是，当我们仔细地对沙漠进行一番搜寻后，却能够发现，虽然这里没有茂密的森林，但植物种类并不稀少，而在这个看似死水一潭的地方，居然还生活着许许多多的动物。那么，这些动物在这样恶劣的环境中又是如何生存繁衍的呢？

让我们走进非洲著名的那米比沙漠，去看看顽强适应沙漠环境的动物们吧。

动物要在沙漠这种地方生存，必须具备两个最为起码的功能。一是行走功能，因为松散的沙地随时可能把动物掩埋起来；二是储水功能，离开了水，任何生物都会是死路一条。蹼趾壁虎在这两方面都可以算是一个典型，它的四肢前端扩展为巨大的蹼，支撑着它的身体在沙漠中行走自如；当夜幕降临、雾气笼罩在沙漠中时，蹼趾壁虎的身体和眼睛便使出最大的能耐来聚集雾滴，而它长长的舌头还可以非常灵巧地把眼睛中的水汽舔进来，如同汽车上的刮水器一般。

在运动方式上，蝮蛇也入乡随俗，沙漠中的它并不像其他环境中的同类那样波浪状地向前运动。为了防止被沙粒随时吞没，蝮蛇尽量把身体左右弯曲起来，以增加与沙地的接触面积，并且养成了斜向运动的习惯。在储水功能方面，甲壳类中的抬尾芥虫也是一个很有特点的种类，为了最大限度地收集水滴，每当起雾之际，抬尾芥虫就爬上沙山的顶端，把背朝向从大西洋方向飘来的雾，高高地翘起它的尾巴，使身体斜向倾斜，雾气碰到冰冷的虫体时就会凝结成水滴，水滴沿着背部滑向口器，抬尾芥虫就能如愿地享受到从远方飘来的甘露。

当然，沙漠中的动物远不止这些，它们各有各的生存方法，各有各的奇异功能。有些专门依赖于沙漠植物生活，有些平时深藏于沙洞之中，一旦雨露降临，立即爬上地面使出浑身解数，补充水分，繁衍后代。所以，沙漠其实并不是生命的禁区，如同极地、深海一样，在这些特殊的环境中，生物自有它们特殊的生活方式。

☞ 关键词：沙漠　壁虎　蝮蛇　芥虫

## 为什么埃迪卡拉生物群奇妙无比

有这样一类生物，它们的形状或圆形、或叶形，有的甚至有着类似于植物的根、茎、叶一样的结构，但它们肯定不是植物，因为从组织构造上来看，这一类生物有着类似于腔肠动物的结构。可是，如果把它们说成动物，似乎也没有道理，因为它们连最起码的口、肛都没有，甚至也没有运动的能力，那么，这些东西到底是什么呢？

1946 年，澳大利亚科学家施普里格斯在澳洲中部进行地质调查时，在阿德莱得北方一个名叫埃迪卡拉的地方，发现了一个特殊的生物类群化石。令人感到奇怪的是，这些生物没有任何的骨骼构造，只有柔软的肉体，而且其中大部分呈扁平状，不少体长达到了 1 米以上。可能是受到了风暴的突然袭击，这些生物被沙埋在了地层中，天长日久，在特殊的环境条件下，沙粒把它们的形状刻在了化石上，使得今天的人们有机会看到这种不可思议的生物。

经过仔细的研究，科学家们发现，这是一类存在于大约 6 亿年前的生物类群，地质学上称为维德时代。由于那时候还没有什么天敌威胁着它们的生存，所以，这些没有骨骼的生物能够躺在海底，随波摇摆，利用皮肤的作用，或者从海水中摄取有机物和氧，或者与其他低等生物共生，过着无忧无虑的日子。随着维德时代的结束，寒武纪的到来，多细胞动物出现了，它们长出了爪、螯等坚硬的武器，开始了捕食生活，这样一来，埃迪卡拉生物群就成了这些新生动物的美味佳肴，很快地就从地球上消失了。

埃迪卡拉生物群告诉我们，在很久很久以前，地球上曾经有过一类非常特殊的生物，它们与我们今天看到的动物、植物、微生物都大相径庭，科学家给了它一个特有的名字，叫做"维德生物界"。

👉 关键词：埃迪卡拉生物群　维德生物界

# 动物的臭气有什么用

在长达几十亿年的生物演化历史中，动物界不仅发展出了千千万万不同的种类，而且还形成了千差万别、功能各异的

组织结构，这种结构上的差异，把自然界装扮得更加绚丽多姿，我们在赞叹大自然的同时，是否也应该了解一下这些特殊功能的奇妙之处呢？

释放臭气就是这些奇妙功能中的一种别出心裁的方式。

昆虫中绰号为"花大姐"的瓢虫和别号为"臭娘娘"的椿象，就是一类臭字号角色。瓢虫三对足的关节处都隐藏着一个臭腺，大敌当前时，瓢虫会发动这一机关，臭腺中立刻就会分泌出其臭无比的黄色挥发性液体，使"敌人"闻臭而逃。椿象的臭腺开口于身体的腹部，它散发出来的恶臭，在平时可御敌于外围，当它们生儿育女的时候，这股臭气可以在幼虫周围形成一个"臭气圈"，如同筑起了一道围墙，保护着子女免遭"敌人"的侵害。

仪表堂堂的农林益鸟戴胜也有一套"臭功夫"，这套功夫在平时深藏不露，但到了繁殖时节，鸟妈妈为了使儿女平安出生，就通过尾脂腺分泌一种奇臭难闻的棕黑色液体，鸟巢在一段时间里臭气熏天。尽管有些动物专门偷吃鸟蛋，但面对如此恶劣的环境，也只好退避三舍。戴胜就是靠着这一奇招保护自己的孩子安全出壳。

　　动物中还有一些"臭"名昭著的种类，如广为人知的红狐和黄鼠狼、臭鼬和鲜为人知的美洲等，这些随时能释放

臭气的动物，不但在御敌时有特殊的功效，而且也是个性化的一个标志。"臭"味相投的异性，还可以借此联络感情，获得理想的配偶呢！

看来，自然界确实是奇妙无比，不是吗，即使是臭气，也有你意想不到的功效呢！

# 动物冬眠时，整整一冬<br>不吃东西为什么不会饿死

每当气候渐渐变冷，食物缺乏的时候，许多动物就进入冬眠。所以，冬眠现象是动物生存斗争中对不良环境适应的一种方法。

动物在冬眠时，一冬不吃东西也不会饿死。因为冬眠以前，它们早就开始了冬眠的准备工作，用来度过这段困难时期。这些动物冬眠前的准备工作很特殊，那就是从夏季开始，便在自己的身体内部逐渐积累营养物质，特别是脂肪。等到冬眠期来临，体内积累的营养物质相当多了，于是就显得肥胖起来。所积累的这些营养物质，足够满足整个冬眠过程中身体的需要。

尽管在身体内积累大量营养物质，可是冬眠期长达数月之久，怎么够用呢？原来动物在冬眠期间，伏在窝里不吃也不

动，或者很少活动，呼吸次数减少，体温也降低，血液循环减慢，新陈代谢非常微弱，所消耗的营养物质也就相对减少了，所以体内贮藏的营养物质是足够供应的。等到身体内所贮藏的营养物质快要用光时，冬眠期也将结束了。冬眠过后的动物，身体显得非常瘦弱，醒来后要吞食大量食物来补充营养，以便尽快恢复身体常态。

☞ 关键词：冬眠

## 动物怎样发泄胸中的怒气

两只互不相识或早有"仇恨"的动物相遇时，常常会持敌对情绪，这种情绪慢慢地从恐吓发展为攻击，恶脸相向。不过有时候，它们会做出一些莫名其妙的动作，把心中所积存的愤怒情绪转移到毫无关系的第三者身上，这种与目标完全无关的行为，就是动物的"转移行为"，又称"推诿行为"。

例如有一种海鸥，当两只都受到相互攻击的刺激时，其中一只就会转移其攻击目标向旁边飞去，而且十分激动地啄草。这就是说，海鸥将其压抑着的愤怒心情，发泄在与之毫无关连的草上。澳洲的斑雀，在求爱或争斗时，会出现整理羽毛、伸伸腰、抖动身体、抓抓头、打哈欠、小睡、取食、筑巢等等许多形式的转移行为。两只大袋鼠在争斗时，由于内心出现复杂的心态，它们有时会突然停止下来，呈现出好像整理体毛的转移行为。猫儿在攻击猎物时，会突然停止而舔自己的身体。一条凶猛的鱼，在恐吓其他鱼类时，也会突然用吻部去掘砂，或在

23

情急之下,出现张大嘴巴等转移行为。

☞ 关键词: 转移行为

# 为什么动物会采用"让步政策"

在动物世界里,争斗现象是屡见不鲜的。不过,它们也有自己的争斗原则,那就是采用"让步政策",尽量避免流血事件,防止出现"你死我活"的争斗。这是为什么呢?科学家告诉我们,主要有两个原因。

第一,动物也会考虑后果。因为动物争斗时,败者必定会不同程度地受伤,甚至丧失生命,而胜者也有可能受伤。因此,强者会尽量避免受伤,以免影响自己今后的正常生活,所以在争斗时往往会"手下留情"。

第二,动物也有中断争斗的措施。一般来说,如果双方力量相差悬殊,它们是不会打起来的,最多只是稍微接触一下。只有当双方力量相差无几时,才会爆发激烈的争斗。不过,双方经过几个回合的较量后,力量的强弱会逐渐变得显而易见。此时,弱者大多有自知之明,会摆出认输或投降的姿势,以求对方网开一面,就此让步。例如,两只狮子争斗时,只要一方把颈脖伸向敌手,对方就知道这是"屈服"的信号,便采取"让步"政策,马上停止进攻。又如,两条狗在互相厮咬时,只要一条肚皮朝天,躺倒在地,表示"甘拜下风",这场争斗就结束了。

☞ 关键词: 让步政策

# 动物的红色和黄色告诉我们什么

红色,是一种具有刺激、兴奋、热情和力量的色彩,红色物体,看上去似乎比其他色泽的物体显得巨大,因而在一些较为弱小的动物身上,经常能见到这种色彩。

生活在秘鲁的一种鸟,其雄鸟的头部和前胸闪现着鲜艳的红色,常常许多只在一起,围绕着一只雌鸟,展示自己的激情。栖息在热带海洋沿岸及岛屿上的军舰鸟,到了繁殖季节,雄鸟喉部会膨胀得很大,并呈现深红色,从正面望去像一只红色的大气球,用来引诱雌鸟。繁殖季节一过,它们的喉部就皱缩,红色也消失了。

红色还具有警戒作用。狮子鱼科中的大多数种类,浑身都是红色的粘液,这副可怕的模样,常常使敌害见了唯恐避之不及。更不可思议的是,有些狮子鱼产下的卵呈鲜红色,并结合成很大的卵块,它仿佛在告诫来犯者:"这东西不能吃。"

黄色对生物来说,是一种充满魅力的颜色。

有一种叫凹嘴鹬的鸟,它的长嘴巴由三种颜色组成:前后端是玫瑰红;中间为深蓝;在眼前下方有一块鞍状亮黄色,极为显眼。在繁殖季节,一只雄鸟在雌鸟面前振翅走动时,显露出明亮的黄色斑块,这似乎在暗示对方:"我还是个单身汉!"

色丽形奇的蝴蝶鱼和天使鱼,它们身上的亮丽黄色,在海底珊瑚礁中显得格外注目,一些科学家认为,这种黄色可以帮助互相联络,是一种无声的"呼喊"语言。

关键词: 军舰鸟　狮子鱼　凹嘴鹬　蝴蝶鱼

# 为什么科学家知道动物会做梦

人会做梦,动物会做梦吗?这是一个非常有趣的问题。

以前,科学家在野外和动物园中观察长颈鹿的生活习性时发现,它们的睡眠非常有趣,分浅睡与深睡两种。在浅睡时,虽然躯体横卧,但长脖子却仍然高高竖直,大脑的一部分依旧处于兴奋状态,使人对它产生"没有睡觉"之感。只有在深睡时,长颈鹿才将头放在尾部躺着,不过时间不会超过20分钟。

这究竟为什么?据实地考察过长颈鹿行为的科学家解释,由于狮子是长颈鹿的主要敌害,它们常常会突然袭击长颈鹿,所以长颈鹿在长期与敌害斗争中,才用"伸颈浅睡"与"短时深睡"相结合的绝招,来提防狮子搞突然袭击,达到既安全又能适当休息的目的。

有趣的是,一位美国动物学家在非洲东南部考察长颈鹿时发现,一只被跟踪的长颈鹿全身卧倒,在"呼呼"熟睡。可是突然间它一下子高高站起,暴跳如雷,显出一副极为惊恐的模样。

对于这个不可思议的奇怪行为,科学家最初猜测,也许是周围有什么东西惊动了它,但经仔细检查,周围的一切都很平静,这使科学家感到迷惑不解。后来经过反复分析才想到,这只长颈鹿白天曾经受到过狮子的袭击,差一点葬身于狮爪,因而推测,它在夜间做了一个与此有关的恶梦。

后来,科学家通过进一步的研究发现,动物在睡眠时,大脑能像人脑那样发出电波,也会做梦。他们利用"脑电流描位器"对动物进行检测,发现有的动物做梦多一些,时间长一些,有的则梦少一些，时间短一些。例如松鼠、蝙蝠经常做梦，而鸟类则梦较少，爬行动物几乎不做梦，科学家认为，这可能与它们必须随时对天敌保持警觉，以便能够及时逃脱有关。

☞ 关键词：梦

## 为什么有些动物喜欢成群生活

有些动物具有独来独往的天性。比如有名的山林之王老虎，除了繁殖季节以外，从来不喜欢和同类做伴，甚至容不得同类的接近，所以，成语中有"一山难容二虎"的说法。但也有很多动物却耐不住孤独和寂寞，天生喜欢集群。例如企鹅、海象、蚂蚁等等。那么，这些动物为什么要集群呢？

要回答这个问题，不妨反过来想一想，老虎为什么能独来

独往?这当然涉及到老虎的本事。老虎有锐利的虎爪,有快速奔跑的能力,即使是捕食强悍的对手,它也能挥洒自如,当然,这样获取的食物,也无需和任何同类分享。猫科动物中的大部分种类如豹、猫、猞猁等,仗着自己的灵巧和凶悍,都不屑与同类为伍。

自然界之所以引人入胜,就是因为它的千姿百态。有些动物,它们的本领不足以使自己与其他动物有一对一的抗争能力,只好借助于群体的力量,狼就是这样一种动物。单只的狼见到野猪恐怕连逃都来不及,哪里还会有什么非分之想,但群狼似乎什么都不怕,这就是集群捕食的好处。

除此之外,集群也有其他作用,如极地生活的企鹅,常常是成千上万聚集在一起。因为它们身处的是冰天雪地的世界,虽然身上有着厚厚的脂肪,但集群无疑可以相互取暖,这种集群对御寒有好处。猴子也集群生活,虽然猴子的灵活和聪明有目共睹,但它的弱小也是显而易见的。不少大型肉食动物如虎、豹等常常要把猴子当做它们的美餐,这就使得猴子们不得不联合起来以防不测。在高高的树枝上,一只猴子手搭凉棚,原来是在放哨呢,这是对安全有利的集群。

无论是哪一种形式的集群,它们的目的都是互利,从这个意义上来说,弱者更容易集群,不过,集群的规模还要依据生存的空间、食物的丰富与否以及捕食者的数量和强弱来决定。如果群内个体数量过多,有限的食物无法分配,有限的空间无法共享,这种集群就显得没有必要。反过来,如果群内个体数量太少,不足以形成对捕食者的优势,也就达不到集群的目的,同样毫无意义。所以,群体的大小也要根据需要,这样才能对生存具有一定的作用。不同的种类,根据自身的需要,会形成完全不同的集群规模,白蚁可以组成 100 万只以上的大群体,沙丁鱼也常常是成千上万聚在一起,但是,大多数集群动物只是几只、几十只或者几百只聚在一起。

　　有时候,当集群动物的群体数量达到一定的规模后,就会出现分群的情况。我们大家熟知的蝗虫,在群内密度达到极限时,一部分个体的翅膀会变长,飞翔能力会提高,为了能更好地生存,这部分蝗虫就主动迁徙出去,去寻找新的生存空间。需要说明的是,有些不同种类的弱小个体,为了共同的利益,也会暂时聚集到一起,利用各自的听觉、视觉和嗅觉,来防范共同的敌人。

关键词: 集群　虎　狼　企鹅　猴

# 什么是克隆技术

　　克隆本来是一门十分冷僻的生物技术, 即使是生物学家对它也未必了解。因为现代科学技术的分工越来越细,同行的人也会有"隔行如隔山"的感觉。

但是，1997年2月，一只名叫多利的绵羊，通过克隆技术而诞生的消息传出后，立即引起了世界各地的注意，从此，克隆成了大家的热门话题。

克隆是英语单词 clone 的音译。它的原意是指幼苗和嫩枝以无性繁殖或营养繁殖的方法培养植物。随着时间的推移，克隆的内涵已经扩大了。只要是由一个体细胞获得二个以上的细胞、细胞群或生物体，由一个亲本系列产生的 DNA 系列，就是克隆。可见克隆是一种无性繁殖的方法。

其实，克隆与我们并不陌生。我们在日常生活中也经常会用到这种无性繁殖的生物方法。例如，每当春暖花开的时候，喜欢种花弄草的人，就会做植物扦插的实验。从一棵植株上，剪下枝条，通过扦插就会得到许多遗传物质相同的植株，这就是克隆。

无性繁殖在低等生物中更是常见。细菌、涡虫的分裂繁殖是亲体纵裂或横裂成两个子体，然后脱离亲体而成为独立的个体，这也属于克隆。

但是，无性繁殖在高等生物中是不是存在？科学家一度认为，由一个成熟的体细胞无性繁殖成为一个完整的动物是不可能的。虽然在一个体细胞中，含有一个动物完整的遗传信息，可是体细胞已经特化了。通俗地说，就是肝细胞只能产生肝组织，乳腺细胞只能产生乳腺组织……而多利羊的诞生，完全改变了人们的这种认识，它开创了高等动物也能克隆的先河。

可见克隆是一门生物体通过体细胞进行无性繁殖的技术。通俗地说，克隆技术繁殖出来的生物只有母体，而没有父体。

☞ 关键词：克隆技术　多利羊
　　　　　无性繁殖　营养繁殖

## "多利"绵羊的母亲是谁

大名鼎鼎的"多利"绵羊，是克隆技术的产物。这个科技界的动物明星与普通绵羊的最大区别，就是它没有父亲，却有三位母亲。

为什么这样说呢？先让我们看看"多利"绵羊诞生的全部过程。

科学家首先从一只母绵羊的乳腺中取出一个细胞，这是一个本身并没有繁殖能力的普通细胞。细胞在母体外培养大

31

约 6 天的时间,再将它的细胞核分离出来备用。接着,科学家再取出另一只母绵羊的未受精的卵细胞,将里面的细胞核除去,换上第一只母绵羊乳腺细胞的细胞核。最后,通过放电激活,使这个细胞核被"调包"的卵细胞,能像正常的受精卵那样进行细胞分裂。当细胞分裂进行到一定阶段,也就是已经形成幼小的胚胎时,便把这个胚胎移植到第三只母绵羊的子宫内。

以后的过程与正常的怀孕后期完全一样,胚胎在第三只母绵羊的体内不断生长,直到分娩生产。

从严格的科学角度说,"多利"的亲生母亲只有一位,那就是提供乳腺细胞核基因的母绵羊。"多利"从亲生母亲那里继承了全部的 DNA 基因特征,也就是说,"多利"是那头母绵羊百分之百的"复制品"。以后也的确证实了这一点,"多利"长大之后,长相和亲生母亲真是一模一样。提供卵细胞和帮助胚胎长大的两只母绵羊,如果也属于"多利"母亲的话,最多只能算"代生母亲"。

1998 年 4 月 13 日,"多利"自己也当了母亲,它与所有正常的母绵羊一样,顺利地产下一头小羊羔,取名叫"邦尼",而"邦尼"的父亲是一只普通的威尔士公山羊。

> 关键词:克隆技术　多利羊

## 为什么动物能成为活的"制药厂"

制药厂是生产药品的场所,饲养场是饲养家禽家畜的地方,两者似乎风马牛不相及。但是,随着科学技术的飞速发展,饲养场居然也成了制药厂的一部分。引起这场制药方式变革的,是现代化的生物技术,它使某些动物变成可以合成药物的"工厂"。

实际上,上面提到的饲养场,应该称它"动物药厂"更为合适。那么,动物药厂究竟有什么优越之处呢?凡是学医的人都知道,人体C蛋白具有治疗和防止血液凝固的作用,属于一种抗凝药物。以前制药厂生产出的类似药物,是采用人工合成的方法,虽然也有一定的抗凝作用,但与真正的人体C蛋白相比,效果要差得多。由于提取人体C蛋白的原料必须来自于人体本身,要大量地生产困难极大。

为了解决人体C蛋白的原料问题,科学家把目光转到猪的身上。因为猪比较适合大规模饲养,所花费的成本不会太高。当然,这不是普通的猪,而是经过特别处理过的转基因猪,也就是说,这些是已经把控制人体C蛋白的基因转移到猪体之内的猪。

转基因猪看上去与普通的猪没什么两样,但在它们的奶汁中含有人体C蛋白。令人惊奇的是,人的乳汁中每毫升仅含5微克人体C蛋白,而转基因猪的乳汁中却可高达100微克,甚至更多。

显然,一群转基因猪就像一个动物制药厂。它们不仅能生产人体C蛋白,还可以生产人体血红蛋白、乳酸蛋白等其他生物药品。今天,科学家正在培养别的转基因动物,让动物药厂发挥更大的作用。

关键词： **转基因动物　人体C蛋白**

# 动物能为自己治病吗

人生了病要去医院诊治,动物园中的动物生了病,则由兽医为它们治疗,可是,在自然野生环境中生活的动物,一旦患上疾病怎么办呢?

不少研究动物行为的科学家发现,有些动物病了,居然会利用周围现成的野生植物来治病。这就好像生活在深山老林中的人类,远离城市医院,常常用草药为自己治病一样。

曾经有这样一个真实的例子:在乌兹别克山区的猎人,经常看见一些受伤的野兽朝某个山洞跑去,他们出于好奇,便跟踪前去看个究竟。结果他们发现,受伤的野兽跑到一处峭壁附近,把伤口紧紧贴在峭壁上,脸上痛苦的表情慢慢消失了。这个奇怪的现象引起了科学家的重视,他们也来到那片峭壁处,看到峭壁上有一种黏稠的液体,好像是黑色的野蜂蜜。后来通过化学分析发现,这种液体含有 30 多种微量元素,用来治疗骨折效果极佳。原来,受伤的野兽去那里,正是利用这种液体为自己疗伤的。

类似于这样的例子还有很多。例如麋鹿在闹腹泻时,会去啃食槲树的嫩枝和树皮,因为这里面含有鞣酸,具有明显的止泻作用。除此以外,贪嘴的野猫吃了有毒的东西后,又吐又泻,这时,它会去寻找一种带苦味的藜芦草,食后引起呕吐,把肚子里的毒物吐出来。原来,藜芦草含有一种生物碱,具有催吐的作用。

☞ 关键词: *动物自疗*

34

# 动物的"方言"是怎样形成的

人类由于居住地区的不同，产生了各种各样的方言。比如我国的江浙地区，就有苏北话、宁波话、苏州话、无锡话、绍兴话等等。那么，动物有没有方言呢？

早在 70 年代，美国著名鲸类学家罗杰斯·佩恩夫妇在考察座头鲸时，发现生活在大西洋百慕大海域的座头鲸叫声，与生活在太平洋夏威夷海域的座头鲸叫声有差别，这会不会是在不同地区中生活的座头鲸，具有不同的"方言"呢？

专门研究海豚语言的日本科学家黑木敏郎认为，海豚的语言同人类的语言很相似，不仅有通用的"普通话"，而且还具备各自特有的"方言"。他列举了一个例子，生活在大西洋的关东海豚有 17 种语言类型，而生活在太平洋的关东海豚有 16 种语言类型，它们之间有 9 种语言是通用的，约占一半，而另一半语言是各自所特有的，互相都听不懂，这就是海豚的方言。

不久前，美国圣迭戈的哈布斯海洋世界研究所的珍妮特·托马斯，以及加拿大野生动物服务中心的兰·斯特林两位科学家，在南极洲考察海豹时发现，生活在南极半岛海域的威德尔海豹，与生活在麦克默多海峡附近海域的威德尔海豹的叫声是有差异的。

最近，英国威尔士的格莱莫根大学鸟类学家兰斯·沃克曼，用声谱仪分别录下了威尔士地区和苏塞克斯地区知更鸟的鸣叫声，发现它们虽然是同一种鸟，但是鸣叫声音的旋律和音调不同。这说明不仅海兽有方言，鸟类也有方言，问题是我们过去没有研究过。

那么，动物的"方言"是怎样形成的呢？科学家告诉我们，生活在不同地区的同一种动物，在它们刚诞生的那一天起，一直是听本地区动物的叫声，在以后的成长过程中，它们不断地模仿自己听到的声音，久而久之，这一地区的动物叫声就形成了一定的特色，于是，动物的"方言"便渐渐产生了。这与人类方言形成的情况很相似。

> 关键词：动物方言　座头鲸　海豚　海豹　知更鸟

# 为什么动物有各种各样的尾巴

不同的动物有不同的尾巴，它们的大小形状有巨大的差别，为什么会形成如此多千差百异、形态不同的尾巴呢？那就是动物长期在适应周围的生活环境过程中，通过不断地变异，于是就演变出各种各样形态的尾巴，并且，不同的尾巴也具有各自不同的作用。

大多数鱼类，为了适应水中生活，尾巴的形状都有点像扇子，用力摆动时，好像推进器

一样，推动身体向前游。同时，鱼类的尾巴还能够控制方向，起着舵的作用。

袋鼠的尾巴用处很大，运动时能使身体保持平衡，休息时，大尾巴支在地上，与两条后腿组成一个三角支架，稳稳地支撑住身体。

生活在南美洲热带森林中的蜘蛛猴，有一条比身体还长的尾巴，用处比四肢还大，因此人们管它叫第五只"手"。在吃东西时，蜘蛛猴缠绕长尾，把身体稳稳悬在树枝上，手脚并用地进餐。休息时，它常常倒挂着睡觉，即使睡熟了，尾巴也不会脱落。在树与树之间跳跃游荡时，具有极强卷握力的尾巴也发挥了极大的作用。

号称"百兽之王"的老虎，除了有尖牙利齿之外，身后那条

又粗又长的尾巴，是它另一个有力武器。当老虎攻击猎物扑空时，会抡动尾巴，像钢鞭似的扫向对方，把猎物击倒。

平时，我们看见马不停地甩动它的长尾巴，仿佛在做毫无意义的动作。其实，马经常受到蚊蝇的骚扰，甩动长尾就像舞动掸子，赶走那些讨厌的小昆虫。

松鼠有条特别大的尾巴，能起到的作用就更多了。由于松鼠经常在树上跳来跳去，很容易从高高的树上摔下，有了这条大尾巴起平衡作用，它就安全多了。当然，万一不留神摔下来，大尾巴上的毛会蓬散松开，好像一顶降落伞，使下落速度大大减慢，保护它不容易受伤。在寒冷的冬天，松鼠夜晚在树洞里睡觉，蜷起身子缩在大尾巴内，这样，大尾巴又成了御寒保暖的"被子"。最近科学家还发现，松鼠把摆动尾巴的变化，当做它们互相交流的"语言"呢。

☞ 关键词：尾巴 鱼 袋鼠 虎
蜘蛛猴 马 松鼠

# 动物做游戏,仅仅是为了好玩吗

在人类社会中,游戏会给我们带来许多欢乐,尤其是少年儿童,几乎每天都离不开游戏。其实,不仅是人类,许多动物也很爱做游戏。例如,几只可爱的小狗聚在一起,经常会在地上翻来滚去,进行互相厮咬的打架游戏,表面上看战斗很激烈,其实它们配合默契,极有分寸,决不会伤害任何一方。

说起动物做游戏,不免会联想到生物学中的一条普遍规律,那就是尽可能节省能量。既然如此,很多动物为什么要消耗大量的能量,去做一些没有明确目的的游戏呢?科学家告诉我们,动物做游戏可能是为了今后的谋生需要。

在黑猩猩幼小的时候,常常玩这样一种游戏:用手掌舀一些水,然后用牙齿把树叶嚼烂成一团,并用它来汲取手掌中的水。黑猩猩长大后,每逢旱季到来后,就用这种方法汲取树洞中的水解渴。所以有人认为,对于未来的生活,游戏有助于幼小动物及早学会谋生的本领。

如果给黑猩猩一根棍子,它们会用棍子互相赶来赶去,就像人在赶鸭子那样。做过这种游戏的黑猩猩,在今后的生活中,比较容易学会使用棍子,这就意味着游戏不仅是学习,还是一种锻炼。

但是,动物也会做一些与谋生毫无关系的游戏。例如,河马喜欢在水下吹气,把漂浮在水面上的树叶吹起来。有些科学家认为,动物做这类游戏是自娱自乐,是动物天性的表现。

关键词: 动物游戏　黑猩猩　河马

# 科学家怎样计算野生动物数量

计算野生动物的数目,对利用、保护和拯救野生动物有重大的意义。由于动物的大小不一,所以计算的方法也各不相同。

对小型动物来说,过去传统的方法是在它们的分布区内,抽样地划出一小块范围,然后进行点数,最终推算出这个分布区内动物的数目。

不久前,美国国家气象研究中心气象化学家帕特里克·齐默尔曼教授,在研究白蚁时,剖析了东非许多白蚁垤,并用电脑记录每个白蚁垤的白蚁数目,认为平均一个白蚁垤约有200万~300万白蚁。

对于大型动物,可以采用直接点数法,这样得出的动物数目要比推算或估算的数目来得准确。美国野生动物保护协会生物学家查尔斯·A·芒恩等人,在南美洲秘鲁东南部马努国家公园考察宽吻鳄时,根据这种动物夜间呆在湖边、双眼发红光的特点,乘着独木舟在湖边巡视,可以看到大小不一的红色闪光点,这些都是大大小小宽吻鳄的眼睛。计算一下红色光点的数目和大小,便可以知道宽吻鳄的只数及它们的大小了。

关键词: 直接点数法

# 动物是怎样分类的

如果你有一个玻璃缸，养上一两只小虾，学习之余，静静地观察它是怎样游泳前进，怎样向后倒退腾跃，又是怎样用螯捉取食物送入口中的，可增加不少动物学的知识。你看它身体分成不少的节，节上面披着甲胄，有很多对灵活的足，体内还有供呼吸用的鳃，适应在水中生活。你可曾知道，这个小动物有着相当大的家族，它们家族的名称叫"甲壳动物"。不仅各式各样的虾，就是很多种类的蟹，甚至喂金鱼的鱼虫，都属于这个家族。因为这些动物都具有小虾那些特点，动物学家就把它们归并成一类——甲壳动物。与这一类相似的动物，像各种各样的蝴蝶、蜈蚣、蝎子、蜘蛛等等，它们虽然不生活于水中，也没有像小虾那样的甲胄，但它们也有灵活而分节的足，动物学家就把这些动物和甲壳动物合并成为更大的一类节肢动物。

自然界动物的种类很多，据现在估计，约有150万种左右。为了认识、研究和利用动物，必须为它们分门别类。

尽管各种不同的动物有不同的形态，但同一类群的动物，在形态上往往有许多相似之处，动物学家就根据动物的同一与差异，从小到大，分成许多类群。"种"或叫"物种"，是最小的类群，也是动物分类的基本单元。将近似的"种"集合成"属"，再将近似的"属"集合成"科"，由"科"集合成"目"，由"目"再集合成"纲"，由"纲"最后集合成"门"。"门"是分类的最大单元。目前动物界一共分为20余门，其中主要的有下列几门：原生动物门，如草履虫、变形虫；海绵动物门，如毛壶、浴海绵；腔肠

爬行类

鸟类

哺乳类

两栖类

鱼类

海胆类

海参类

海星类

脊椎动物

蜘蛛类

昆虫类

蛇尾类

头足类

棘皮动物

节肢动物

软体动物

瓣腮类

腹足类

多足类

甲壳类

蛭类

双经类

毛足类

腹毛类

线形动物

线虫类

环节动物

轮虫类

腔肠动物

扁形动物

吸虫类

涡虫类

绦虫类

珊瑚类

水螅类

海绵动物

钵水母类

寻常海绵类

六放海绵类

原生动物

动物门，如海蜇、珊瑚；扁形动物门，如涡虫、血吸虫等；线形动物门，如蛔虫以及其他寄生于植物和动物体内的寄生线虫；环节动物门，如蚯蚓、沙蚕、蚂蟥等；软体动物门，如田螺、乌贼等；节肢动物门，如虾、蟹、昆虫等；棘皮动物门，如海参、海星等；脊椎动物门，如鱼、蛙、龟、蛇、鸟、兽等。

随着科学技术的发展，动物学知识的增加和积累，人们区别动物特征的手段和方法越来越深入。现在，不仅根据形态进行比较，还用胚胎学、生物化学、数学等方法研究动物分类。动物由小到大的各级类群，不是人为地根据动物表面的同一与差异排列组合而成的，而是反映了动物的发展历史。同一类群的动物是比较近缘的动物，譬如虾与蟹，不仅同属于甲壳动物纲，还同属于十足目，它们都具有 5 对供爬行用的步足，第一对步足通常都成为钳状。把虾与蟹归并在甲壳动物纲、十足目中，不仅由于它们在形态上的相似，同时也反应了它们之间的亲缘关系。科学家发现，虾、蟹从卵变为成体时的一系列过程中，有好几个幼虫期都有相似的地方。后来蟹腹部的肌肉退化，并且折叠在头胸部的下面，脐就是蟹的腹部。这就更令人信服地证明它们的亲缘关系是很近的。

至于不同类群之间，有的亲缘关系比较近，有的比较远。如海绵动物体内的变形细胞很多，体壁细胞具有多种功能，它们虽属多细胞动物，却与单细胞的行为相似，它们间的亲缘关系就较近。又如环节动物门中的蚯蚓等，它们的身体都具有环节，而节肢动物门的动物，身体也具有环节，所以它们的亲缘较近。反之，某些形态特征不是那么相似，亲缘关系就较远。根据亲缘关系的远近，可以把各门动物的关系排列成"系统树"，"树"下方的动物较为原始，"树"上方为较高等的动物。

研究动物的分类，在理论上和实践上都很有用处。动物的亲缘关系，就是动物的演化关系。进化论的产生和发展，始终同动物分类相联系。

关键词：**分类　亲缘关系**

# 为什么水母会螫人

水母是一类十分低等的动物，常常漂浮在海面上，随波逐流，因为身体里含有 95% 以上的水分，所以看上去如同无色透明一般，显得很有趣。但是，水母决不像外表那么软弱无力，如果你用手去触摸它，就像去触摸刺毛虫那样，会被螫得又红又肿，疼痛难忍。

水母是怎样螫人的呢？

原来，水母的身体通常分为两部分，一部分是露出水面的"伞"部，另一部分是浸没在水中的口腕部。有的水母在"伞"的周围有许多小触手，有的

却在口腕处长触手。这些触手非同小可,它们的表面分布着无数刺细胞,刺细胞内有个刺丝囊,刺丝囊中藏着毒液和一盘细长的刺丝。当猎物或敌害接触到水母时,刺丝就会立即翻出,刺向对方。同时,囊里的毒液从空心的刺丝中注射出去,像打针那样进入到对方的体内。鱼儿一旦受到刺丝的攻击,很快就会中毒麻痹。

最可怕的水母要数北极霞水母,它的"伞"径约有 2 米,"伞"的下缘有 8 组触手,每组 150 根,每根触手上又有无数刺细胞。更厉害的是,它的触手可以伸长到 40 米以上,一旦把所有触手都张开,就像布下了一个致命的天罗地网,总面积可达到 500 平方米。这时候,如果有人游泳不幸进入这个范围,后果简直不可想象。幸好,这种可怕的水母只分布在人迹罕见的北极海域中。

关键词: 水母　刺细胞　北极霞水母

# 为什么水母能预知风暴

水母属于无脊椎动物中腔肠动物门,目前世界上已发现的水母约有 200 多种,常见的有海蜇、海月水母等。

水母的个体分"伞"部和口腕部两个部分。"伞"部呈扁平圆盘形,或半球形,"伞"缘有无数短而细的小触手及感觉球,"伞"的腹面有口,口下悬垂口腕,飘荡在水中。"伞"部以下部分称口腕部,上面有许多触手。

平时,水母总是漂浮在海面上,它们的分布受风向、风力、海流及潮流支配。有时它们聚集在一起，绵延数海里；有时聚集的水母群，一夜之间又会漂得无影无踪。在风平浪静、水色清澈、阴天或阳光不强以及平潮的情况下，水母漂浮于水域的上层或表层。每当遇有大风浪、暴雨、水质变浑以及落潮或阳光过强的时候，一般就下沉到水域下层或近底层。

奇怪的是，每当风暴来临时，水母居然能够预知，并会迅速做出反应。那么，水母为什么会预知风暴的到来呢？

科学家发现，在狂风怒吼、海浪咆哮激起的"大海交响乐"以前，先有一种次声波（每秒 8～13 赫兹）传来，它比风和浪的速度更快，这种次声波人类感觉不到，但水母却能感觉到。后来，科学家又做了深入研究，原来水母的"伞"缘感觉球里面有小小

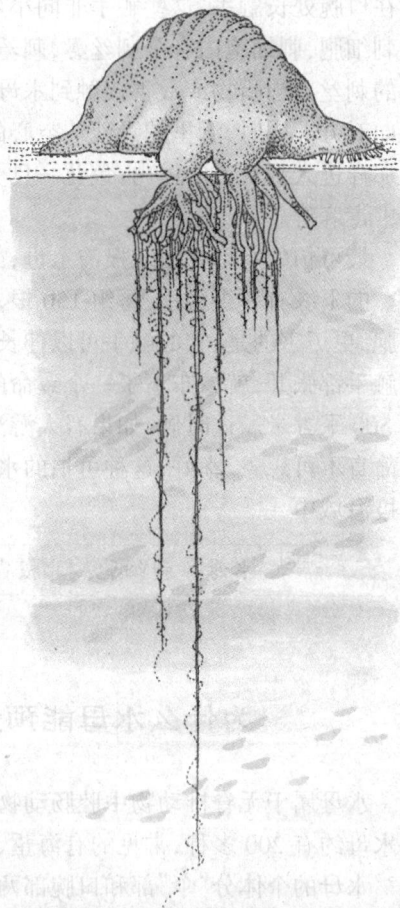

的听石,仿佛是水母的"耳朵"。由海浪和空气摩擦而产生的次声波冲击听石,刺激着周围的神经感受器,使水母在10多个小时前就能够捕捉到风暴的声音。于是,它们好像接受命令似的,一下子沉入到海洋深处,以免被暴风激起的巨浪砸碎。

人们从水母能预知风暴中受到启示,模拟它们的感觉器,成功地制成了风暴预测仪,安装在船舰的甲板上,能够提前15小时接收到海上传来的次声波,预知海上风暴来临的方向和时间。

☞ 关键词: 水母 次声波 听石

# 为什么说珊瑚是动物

人们通常把珊瑚当成宝石,仿佛它是矿物。由于许多未经加工的天然珊瑚呈树枝形,所以自古以来,很多人又认为珊瑚是植物。到18世纪,还有人把珊瑚的触手当成花,自认为是一大发现呢。现在,学过动物学的人都知道,珊瑚是低等动物,它属于只有内外两个胚层的腔肠动物,好像一个双层口袋。它有一个口,但没有肛门。食物由此进去,不消化的残渣也由此排出。口的周围生了许多触手,这就是古人认为是花的东西。触手可以捕捉食物,或振动引起水流进入口及腔肠中,帮助消化水中的小生物,所以它是动物。

珊瑚包含了很多种类,都是固着生活,而且有共同的特性,都是生活在浅海里,特别喜欢生长在水流快、温度高、比较洁净的暖海地区。由于大多数珊瑚都可以出芽生殖,而这些芽体并不离开母体，这样，最后就成为一个相互连结、共同生活的群体，这是珊瑚成为树枝形的主要原因。珊瑚的每一个单体，我们叫它"珊瑚虫"。我们通常所见的珊瑚，就是这些珊瑚虫的肉体烂掉后所剩下来的群体的骨骼。有的骨骼质地粗糙，可以用做烧石灰、制人造石的原料；质地好的可以做建筑材料。海里常见的珊瑚礁大多是由这些骨骼堆积成的。有些骨骼质地坚密，色泽鲜艳，特别是红色的，人们常常把它雕琢成种种装饰品。

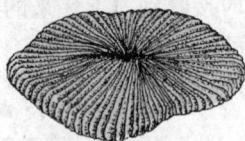

关键词：珊瑚　腔肠动物　触手　出芽生殖

## 蚯蚓有没有眼睛

蚯蚓又叫"曲蟮"、"地龙"。这类默默无闻的环节动物，身体细长，在潮湿、疏松的土壤里，穿行自如。一旦碰上坚硬的石块或树根，它们会很快地转向，绕道而过。那么，它们是怎

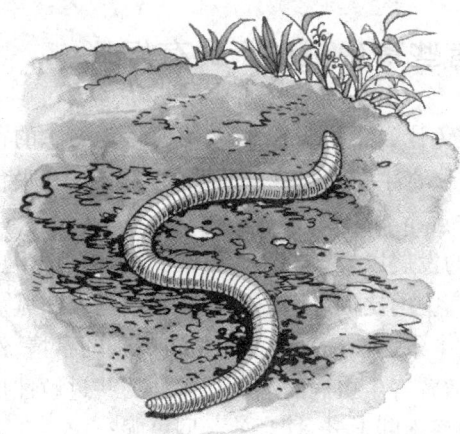

么知道前方有障
碍物的呢?

　　有人说, 蚯
蚓有眼睛, 它们
是靠两眼来辨别
方向的; 也有人
说, 环节动物比
昆虫低等, 它们
的组织还没有分
化出眼睛。据动
物学家研究, 蚯
蚓由于长期生活在地下, 头部已经退化, 并没有眼睛。那凸起
在它头部前面的, 是它的嘴巴, 叫做口前叶, 没有视觉作用, 仅
仅是用来索取食物和挖土钻洞的。

　　蚯蚓虽然没有眼睛, 但是它的触觉器官却很发达, 包括表
皮感觉器、口腔感觉器、光线感觉器等, 对前进中所接触的物
体和环境都能敏感地反应出来。

　　科学家曾经对蚯蚓的触觉做过这样两个实验: 一个是在
蚯蚓行走的路上放一块铁片或一块砖头, 当蚯蚓的皮肤接触
到这些物体后, 它立即转向避开; 另一个是把蚯蚓放在光线强
弱不同的地方, 结果蚯蚓向弱光处行走。这说明蚯蚓确实是用
触觉器官代替了眼睛的功能, 而且对光线的强弱很敏感, 遇到
强光就会本能地躲避, 这证明它完全适应土壤生活。

☞ 关键词: **蚯蚓　环节动物　触觉器官**

# 为什么有些寄生虫对人类有好处

提起寄生虫,不免让人感到恶心,因为大家最为熟悉的寄生虫就是蛔虫,它喜欢寄生在 5 ~ 10 岁儿童的消化道中,吸食体内营养,造成儿童营养不良,发育不好。

随着医药事业的发展以及人们对于健康的重视,寄生虫病在人类所患的疾病中的比例急剧下降,在某些国家和城市中几乎销声匿迹,这本来应该是一件非常值得高兴的事情,然而专家们却发现,随着寄生虫病的急剧减少,一些过敏性疾病,如花粉症的患病率不断上升,这是怎么回事呢?

原来,人体中有一种叫做"免疫球蛋白 E"的抗体,与粘膜、皮肤等处的肥大细胞结合,当它们处于结合状态时,如遇花粉、螨虫等抗原侵入人体,"免疫球蛋白 E"就会放弃本来的状态而与之结合,肥大细胞则乘机释放组织胺等化学物质,从而引起打喷嚏、流鼻涕、发痒等多种病症。

但如果人体中有了寄生虫,体内产生的"免疫球蛋白 E"就会有所变化,我们把它称之为"非特异性免疫球蛋白 E",这种抗体与肥大细胞的结合异常牢固。当花粉、螨虫等抗原侵入时,它们不会"挺身而出",这样,肥大细胞也就没有机会释放组织胺等化学物质,过敏反应也就不会发生。

看来,寄生虫对人类也不是一无是处的,至少,有些寄生虫能防止过敏性疾病的产生。当然,如果这些寄生虫既对人类无害,又可以帮助人类抵抗某些疾病,那就两全其美了。

关键词:寄生虫　过敏性疾病　抗体　肥大细胞

# 为什么蛤、蚌里会长珍珠

珍珠,圆鼓鼓的,光彩夺目。人们常用"掌上明珠"这句成语形容一样东西的贵重。珍珠一向能与宝石相提并论呢!

诞生珍珠的摇篮,是海滨的蛤、珍珠贝和淡水中的蚌等贝类。

有很多人都会产生这样的想法:蛤、蚌越壮越大,里头的珍珠也越大。

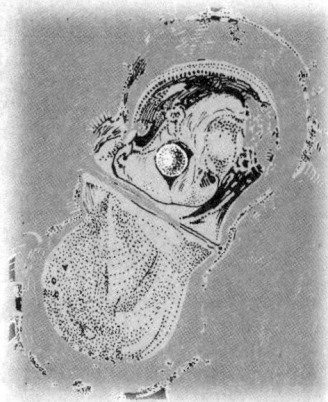

蚌内的珍珠

事情并不是这样。只有寄生虫寄生或有外物侵入体内的蛤、蚌,才会长珍珠。

三角帆蚌

掰开一个珍珠贝或蚌一看,它那贝壳的最里层,最美丽最富有光泽,闪烁着珍珠般的光彩,这叫"珍珠层",它是由外套膜分泌的珍珠质构成的。

当寄生虫钻进蛤、蚌坚硬的贝壳内时,为了防护,蛤、蚌的外套

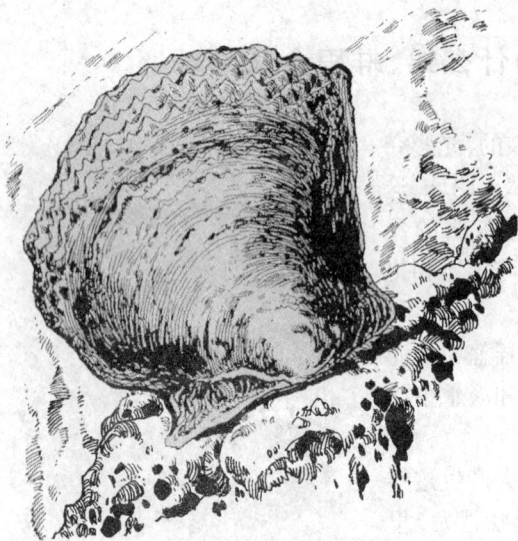
珍珠贝

膜就会快速分泌珍珠质，将这个寄生虫包住，这样，时间久了就形成了珍珠。

有时，当一些沙粒掉进蛤、蚌里，它们一时没法把它排出去，受了痛痒的刺激以后，就赶紧由外套膜分泌出珍珠质来逐层包围它。时间久了，沙粒外面包被很厚的珍珠质，也就变成一粒粒圆圆的珍珠了。

能够产珍珠的贝类很多，大约有二三十种。现在，人们办了人工养殖场，把一些贝类（主要是珍珠贝）养大后，在外套膜结缔组织内插入用蚌壳制成的核，并在核上覆以一片外套膜小片，经过一定时间，就生成人工培养的珍珠。在我国沿海和内陆湖区，都用这种办法来养殖珍珠，而且已从养殖一般珍珠发展到养殖彩色珍珠和形象珍珠。

☞关键词：**珍珠　珍珠层　外套膜**

# 为什么蜗牛爬过的地方
# 会留下一条涎线

蜗牛是软体动物大家族中的一员，它在爬行时，总是用足紧贴在别的物体上，通过足部肌肉做波状蠕动，就能缓慢向前移动了。蜗牛的足上生有一种腺体，叫做足腺。足腺能分泌出一种很粘的液体帮助它爬行，所以它爬过的地方，都留有从足腺分泌出来的粘液痕迹。这种粘液痕迹干了以后，就形成一条闪闪发光的涎线。

在冬眠或夏眠时，足腺分泌出来的这种粘液，干涸以后在壳口形成一层薄膜，把身体严密地封闭起来，待外界环境适宜时即破膜而出。在标本室内贮藏的蜗牛标本，由于这层薄膜保护，所以蜗牛能数年不死。

另外，有一种像蜗牛而没有壳的蛞蝓，也叫蜒蚰，俗称鼻涕虫，它爬过的地方，也会留下一条白色发光的涎线，只是蛞蝓分泌的粘液

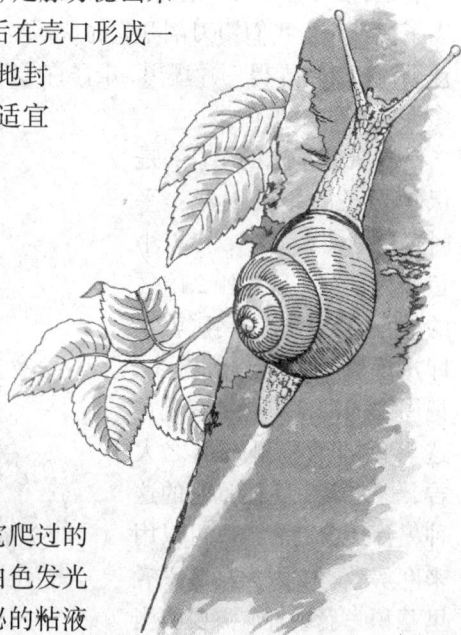

和蜗牛分泌的粘液性质有些不同罢了。蛞蝓在纸或布上爬过后所留下的涎线痕迹，会使纸或布的质地变脆；蜗牛在纸或布上爬过后所留下的涎线痕迹，却不会使纸或布脆弱变质。

👉 关键词：蜗牛 涎线 蛞蝓 鼻涕虫

# 乌贼为什么能喷出墨汁

乌贼属于软体动物，它的最大特点是，肚子里有个"墨囊"，里面贮满了墨汁。当我们用刀剖开它时，墨汁会流出来，弄得一片墨黑，难怪许多人把它叫做墨鱼。

乌贼肚子里的墨汁，是保护自己的一种武器：平时，乌贼在大海中，专以小鱼虾为食；一旦有什么凶猛的敌害向它扑来，乌贼就立即从墨囊里喷出一股墨汁，把周围的海水染黑，它就在这黑色的烟幕里，溜之大吉，逃之夭夭，而且它的这种墨汁还含有毒素，可以用来麻痹敌害。因为乌贼墨囊里蓄积一囊墨汁，需要相当

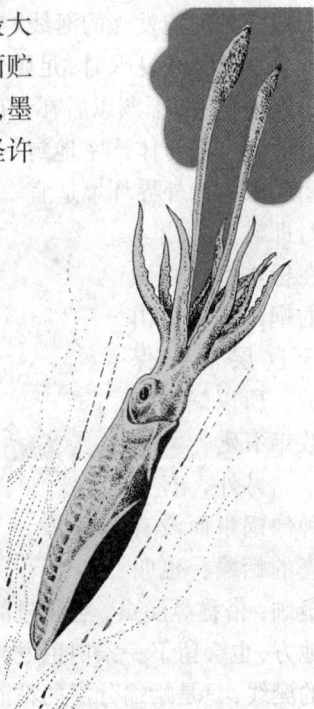

长的时间,所以乌贼非到万分危急之时,它是不肯轻易施放墨汁的。

关键词: **乌贼　墨鱼　墨囊**

# 为什么大闸蟹烧熟后会变成红色

蟹是很多人爱吃的美味佳肴,它鲜美异常,令人垂涎。有趣的是,活的大闸蟹,背面呈青黑色,可一旦烧熟之后,就会变成鲜艳的橘红色,这其中有什么奥秘呢?

原来,大闸蟹的甲壳中含有各种各样的色素,其中有一种叫虾红素。由于它与别的色素混在一起,无法显示出它鲜红的本色,可经过烧煮之后,别的色素在高温下遭到破坏和分解,唯独虾红素不怕高温,当别的颜色消失后,红色就显示出来了,所以,煮熟的大闸蟹都变红了。

在大闸蟹的甲壳上,虾红素的分布也是不均匀的。凡是虾红素多的地方,例如背部,就显得格外红。而虾红素少的地方,如蟹脚的下部,就显得淡一些。由于大闸蟹的腹部根本没有虾红素,所以无论经过多少次蒸煮,永远不可能产生红色。

除大闸蟹外,还有不少其他的蟹和虾,也是因为上述的缘故,烧熟之后会变成红色。

关键词: **大闸蟹　虾红素　色素**

# 对虾，是雌雄成对的吗

一提起对虾，不少人以为，对虾是雌雄相伴，形影不离，犹如成对的鸳鸯那样恩爱。

其实这是误解。渔民捕获的对虾，往往是雌多雄少，而且相差悬殊，更谈不上一对一对一起生活。

那么，为什么会叫它对虾呢？

从前，渔民统计捕捞成果时，不是用"千克"来计算，而是不论雌雄，每两只算一对，以"对"计数。在市场出售时，把两只虾放在一起，仿佛雌雄成对，既美观又醒目，按"对"论价。天长日久，"对虾"

这个名称便流传下来了。

对虾的真正名字,叫东方对虾或中国对虾。它体型肥大,成年的雌虾,从额剑顶端到尾节末端,长 18～23 厘米,有些"长个子"可达 26 厘米。它除体表甲壳外,浑身都是鲜美的肉,一般雌虾体重 60～80 克,大一点竟有 150 克,雄虾比较小,但体长也在 15～20 厘米之间,体重 30～40 克。正因为对虾如此肥硕丰满,所以北京等地又叫它大虾。

对虾属于甲壳类动物,壳薄而透明,从活对虾的体外,透过甲壳,还能看清它的"五脏六腑",甚至连那颗微微跳动的黄白色心脏也清晰可见,因此,上海等地又给它一个十分确切的名字——明虾。

对虾在福建又称"闽虾",这是以地域命名的,因为福建简称闽。

对虾在大海中生活,雌虾和雄虾的体色略有不同,雌虾微显褐色透蓝,雄虾略带褐黄色,因而渔民称雌虾为青虾,雄虾为黄虾。

☞ 关键词: 对虾　明虾　闽虾

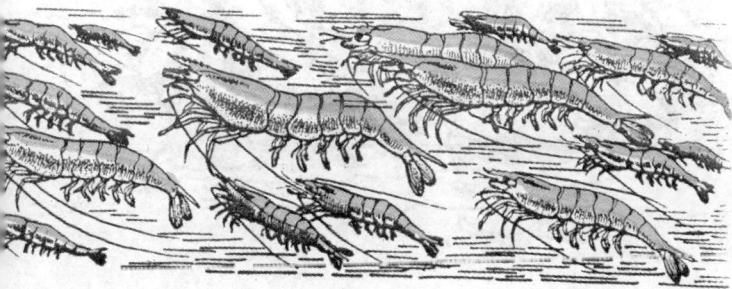

# 螃蟹为什么吐泡沫

当我们买螃蟹的时候,都要选择甲壳坚硬、吐出很多白沫的活蟹。这是什么道理呢?

螃蟹是生活在水里的甲壳类动物,它和鱼一样,也用鳃呼吸。只是螃蟹的鳃和鱼鳃不同,并不生在头部的两侧,而是由很多像海绵一样松软的鳃片组成,生在身体上面的两侧,表面由坚硬的甲壳覆盖着。螃蟹生活在水里的时候,从螯足和步足基部吸进新鲜清水(水里溶解的氧就进入鳃的毛细血管的血液里),从鳃流过后由口器的两边吐出。

螃蟹虽然经常生活在水里,但它却和鱼不同,时常爬到陆地上寻找食物,而且离开水后也不会干死。这是由于螃蟹的鳃片里储存很多水分,离开了水,仍然和在水里一样,也能不停

地呼吸,吸进大量空气,由口器两边吐出来。因为它吸进的空气过多,鳃和空气接触的面积较大,鳃里含有的水分和空气一起吐出,形成了无数气泡,越堆越多,在嘴的前面堆成很多白色泡沫。

☞ 关键词: 螃蟹　鳃

# 为什么我们平时吃的大闸蟹变小了

大闸蟹,又叫河蟹,古人给过它一个非常优雅的别称,叫做"无肠公子",而科学家根据它的产地和两只螯上布满绒毛的特征,为它起了一个很容易让人记住的名字——中华绒毛蟹。

深秋,菊瘦蟹肥,正是品尝鲜美大闸蟹的最好时节,可是在 20 世纪末的几年中,菜市场上大多数是 100 克以下的"童子蟹",那么,为什么会发生这种大闸蟹越来越小的情况呢?

这还得从大闸蟹的生活习性说起,我们熟知的大闸蟹,虽然是从江苏阳澄湖、浙江南湖、上海淀山湖、河北白洋淀等淡水环境中捕捞上来的,但在它们生儿育女的时候,却要回到近海的咸水中去。于是,当性成熟的"蟹父蟹母"大量集结,沿江河向近海出发时,有经验的人就途中拦截捕捞。侥幸逃过一劫的成蟹在繁殖地产卵生子,幼体经过一段时间的蜕皮后,就长成了蟹苗,蟹苗具备了适应淡水生活的能力,这时,它们再次成千上万地集合到一起,开始了向江河湖泊回归的漫长旅程,但是,捕苗大军在蟹苗的前进路上,再一次张开了天罗地网。

可以想象，以这样的方式前追后堵，大闸蟹的资源就会日益枯竭，于是，人工繁殖被引入了大闸蟹的生产之中。从科学的角度来讲，在解决了蟹苗的来源后，养殖人只要控制好自己的养殖规模，摸清它们的生长规律，大闸蟹就应该姓"大"。

专家们认为，为了使大闸蟹顺利长大，每亩水域的蟹苗投放量应该控制在 1000 只以下，最好是 500～600 只。可是，养殖户从经济利益出发，每亩水域在初期的投放量达到 2000 只左右，当小蟹们长到 50 克左右，养殖空间拥挤不堪时，他们就捕捞起一大批"童子蟹"送进市场，而让剩下的蟹继续长大，这样就充分利用了养殖的水面，所以第一批上市的大闸蟹往往小得可怜。

大闸蟹变小的另一个原因是种变了。我们通常所说的大闸蟹，指的主要是长江蟹，近年来，由于大闸蟹价格飞涨，市场供不应求，体弱纤细的瓯蟹、辽蟹乘机混迹其中，它们在蟹苗阶段时，与长江蟹也不相上下，可是，一进入成年，个体上的差异就显现出来了。

当然，急于求成也

是大闸蟹变小的原因之一。一般来说,长江蟹的最佳生长期在2～3年,但现在,不少养殖户普遍采用当年投苗、当年捕捞的急功近利法,还未成年就匆匆上市,这样大闸蟹能不小吗?

☞ 关键词: 大闸蟹　中华绒毛蟹

# 弱小的螃蟹有多少防身手段

螃蟹是很多人非常熟悉的一类动物,无论淡水、海水,堤岸、沙滩,几乎到处可以见到它们横行的身影。除了毛蟹、梭子蟹、巨螯蟹等一小部分较大的螃蟹以外,全世界大约6000多种螃蟹中,弱小的占了绝大多数,它们几乎每时每刻都处于被捕食的危险境况之中。虽然弱肉强食本来就是自然界中的规律,但螃蟹们却并不甘心成为强者口中的美餐,在长期的生活过程中,它们形成了许多防御的技巧,使得这一并不强悍的动物类群,稳稳地占据着无脊椎动物中的一方宝地。那么,螃蟹到底有哪些出类拔萃的防身手段呢?

首先,螃蟹有着非常特殊的眼睛——柄眼。顾名思义,它的眼睛是长在柄上的,柄的基部有活动关节,使得这一长形的柄既可以竖起,又可以倒下。竖起时,螃蟹犹如安上了两个瞭望哨,可以眼观六路;倒下时,甚至可以连柄一起藏在眼窝之中。有些沙蟹,它们会把整个身体埋入泥沙中,仅露出眼睛来观察周围的情况,这是螃蟹防身的第一道屏障。

当然,大螯是螃蟹身上的主要武器,这一武器,既用来捕捉猎物,又可以挖穴藏身,更是求爱的一块金字招牌。大敌当

前时，这块招牌摇身一变，又成了御敌的武器，即使敌人比较强大，大螯至少可以起到一定的威慑作用。这是螃蟹的第二个防身手段。

有些螃蟹因为自己弱小，对于搏斗没有把握，就采取跑的办法。螃蟹逃跑的姿势有多种多样，不仅可以横走，有的也可以直行，紧急时，沙蟹能以每小时 7 千米的速度迂回逃跑，这一速度，要比人走路还要快好多呢！这是螃蟹的第三种防身手段。

上面这三种方法，是螃蟹常用的防身手段。有些螃蟹，它们并不采用这些常规办法，而是施展一些小技巧来保护自己。如栖身于浅海处的螃蟹会利用环境作掩护，进行巧妙的伪装，如果仅仅看这些螃蟹本身，会觉得它们的颜色非常亮丽，花纹也特别醒目，可一旦置于它们所处的环境，你就会发现它们与大自然是如此融合。如一种叫平背蜞的螃蟹，多变的色彩使得它们每一个个体都与环境配合得天衣无缝，这是以环境为掩护的防身技巧。

螃蟹也利用其他有毒动物作为掩护自身的手段。由于一些腔肠动物本身带毒，因此鱼儿见到它们总是退避三舍。寄居蟹就利用这一点，用步足夹着能放射毒刺的海葵到处游走，仿佛随身携带着保护神，虽然是狐假虎威，但毕竟对自己的安全有利。斑蟹则更进一步，干脆躲进海胆的刺当中，谁敢招惹有毒的海胆呢？还有与海葵共生的牛角蟹、寄居在贝类外套膜中的豆蟹等等，各种各样的螃蟹，都有着一套惊人的本事。所以，这些相对弱小的动物，才会在江河湖海中占有一席之地。

☞ 关键词：螃蟹　柄眼　大螯　伪装

# 许多动物都冬眠，
# 为什么海参却要夏眠

每到冬天，不少动物由于食源断绝，就钻到树洞、地下、岩洞等处冬眠。例如专吃植物绿色部分的黄鼠和旱獭，以及主要靠蠕虫和昆虫来生活的刺猬，甚至仅吃部分植物的狗熊。

但奇怪的是，生活在浅海之中的海参却在夏季进行特殊的夏眠，这是什么原因呢？

原来，海参以食小生物为生，当海底生物多的时候，它过着吃饱喝足的日子。然而，海底里的生物，随着海水温度的变化，也在发生变化。白天海面水暖，它们就会上浮；入夜水冷，它们就退回海底。日升夜沉，就是海里小生物的生活习惯。

入夏以后，上层海水由于太阳光强烈照射的结果，温度比较高。这时，海底的小生物都浮到海面，而海参却对温度很

敏感，当水温超过20℃时，就向更深的海底迁移。由于在新的地方缺少食物，没有东西可吃的海参，只好进入夏眠状态，这是生物为适应环境而养成的习惯。

☞ 关键词： 海参　夏眠

## 海参失去内脏后为什么不会死

海参是生活在海洋中的一类小动物，但它不像鱼儿那样灵巧，能在水中快速游动。正因为如此，当它遇到敌人追击时，常常采用"丢车保帅"的分身术，那就是突然抛出自己的内脏，分散敌人的注意力，自己则乘机逃之夭夭。说也奇怪，失去肚肠的海参并不会死去，只要以后生活安定，它又能长出新的"五脏六腑"来。

为什么人类或高等动物发生同样的情况会失去生命,而海参却不会呢?实际上,这是一个再生能力强弱的问题。低等动物,同时也包括植物,具有较强的再生能力。它们在受到创伤或失去身体的某一部分后,能够较快地愈合伤口,或者再生出失去的那部分躯体。海参属于低等动物,它能重新长出内脏,就是再生能力强的典型例子。而高等动物受到创伤后,由于再生能力较弱,一般只能愈合伤口,而无法再生出某一段肢体或某一个内脏器官。

低等动物的再生能力之强,有时简直令人惊讶。

以前有个渔民,在海边养殖牡蛎和一些别的食用贝类。由于这片海域中生活着一种海星,它是牡蛎的天敌,常常把贝壳里的肉吃掉,使渔民受到很大损失。渔民为了惩罚这些可恶的家伙,只要抓到海星,就把它撕成两瓣或剁成几段,投进大海里。没想到,海星的"碎尸"不但没死去,反而每一段都成了一只完整的海星,数量变得越来越多。这场悲剧的发生,就是渔民不了解海星具有强大再生能力的结果。

除此以外,蚯蚓被切断之后,通过再生能力可以使自己重新复原;螃蟹的一只眼球如果损坏了,很快又能长出一只新的眼球。更令人惊奇的是,把一种属于腔肠动物的水螅切成几小段,不仅每段都能长出一个小水螅,而且当它的头部被切开后,居然会长成一个双头的怪水螅。

关键词: **海参　再生能力　海星**

65

# 蜘蛛怎样在两棵相隔
# 很远的树间架网

当你看到在沟溪两岸的树间，或者两个离得很远的屋角之间，结着一个蜘蛛网的时候，往往会想到一个问题：蜘蛛既不会游泳，也不会飞，它是怎样架设这张"空中罗网"的呢？

原来，蜘蛛肚子末端有几对"纺器"，蛛丝就是从纺器的小孔中流出来的。

蛛丝的成分是蛋白质，和蚕丝相像，刚流出来时，还是一种发粘的"胶水"，当它一接触空气，马上就变硬而成为丝了。

正如人们要走到河对面得架桥一样，蜘蛛若要到达河对岸时，它就架设"天索"。

架天索是颇有趣的。蜘蛛从它的立脚点，引出许多根长度足以到达对面的长丝，于是这些蛛丝就顺风飘呀飘的，好像几根透明的细带子飘在空中，然后，它时刻用脚去触摸蛛丝的固着点。

忽然，它发现其中有一根丝拉不动了，原来飞丝飘着的一端已被风吹到对面，而且被粘在树枝或其他东西上了，于是天索就这样被架成了。

架天索的另一个办法是：蜘蛛先把丝固着于一点，自己就吊在丝上，下垂到地面，然后肚子末端一边放丝，一边爬到对面的屋角或树枝上，待到目的地后，再用脚把丝收起来，收到刚刚长短适度时，就把丝固定在新的固着点上，这样，天索也能够架成。

如同房子的栋梁要粗些一样，蜘蛛在这条拟定作为蜘蛛网的支撑线上，来来回回再粘上几条丝，把它弄成一条粗"缆"。接着，又在这条粗缆下方，平行地架设第二条缆索。等两条缆索架好以后，蜘蛛就在这两条粗缆中间织起一张蜘蛛网来。

关键词：蜘蛛　蛛网

## 螨怎样影响我们的生活

螨是什么东西？可能许多人对此一无所知，但是，如果告诉你过敏性鼻炎、哮喘、过敏性结膜炎等等都可能是它们的杰作时,你就不会觉得陌生了。事实上,螨几乎每天都影响着我们的生活。

从动物分类学上来看,螨属于节肢动物,椭圆形的身体,头、胸和腹连在一起,大一点的长度可达 3 厘米,小的则不到 1 毫米,除非把它们放到显微镜下,否则我们很难看清楚它们的存在。通常,螨与蜱一起合称蜱螨,蜱类动物主要以吸食爬行类、鸟类和哺乳类的血液为生,已知约有 800 多种。而螨类家族的成员多达 3 万多种,它们不仅寄生在动、植物的体内,而且深入到我们生活的每一个角落,水中、草上、土里,几乎任何地方都有它们潜伏的踪影。不过,与我们人类直接相关的,还是那些围绕在我们身边的螨,而这些螨,又多数是 1 毫米以下的小个体。

也许有人要问,这么小的东西,会有多大的能耐呢?那么,就让我们来看看螨虫是怎样危害人类的吧。疥螨能够在皮肤内挖出一条孔道,以便长期寄生;家螨能够刺穿皮肤并吸取动物或人体内的血液,过上“饭来张口”的贵族生活;表皮螨则依附在人体表皮上,以头皮屑、污垢以及微生物为食,它是引起小儿哮喘的罪魁祸首。特别是现代建筑较为封闭,为螨虫队伍的壮大提供了良好的生长和繁殖环境,严重一点的地方,每 1 克尘埃中螨虫数量可以达到上万只,以致在近几十年里,全球范围内患上过敏性疾病的人数呈不断上升的趋势,正是在这

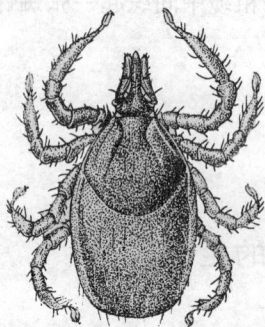

蜱

样的形势下，人们对螨虫不再熟视
无睹了。

　　科学家们经过研究，发现在
25～30℃的温度以及60%～80%
的相对湿度，是螨虫最佳的生活和
繁殖环境，因此，家中铺设的地毯、
被褥等等都是螨虫栖身的好场
所。除此以外，在炎热的夏季经过
繁殖后陆续死亡的螨虫，留下的大
量尸体，也会造成秋天患哮喘病的人数急剧增加。

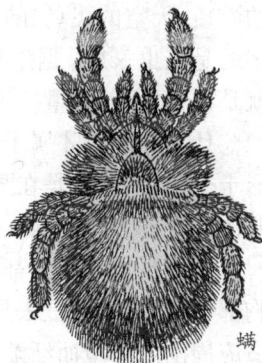

螨

　　正因为如此，定期的大扫除应该成为每个家庭的必修课，
尤其是到了冬季，最好进行一次彻底的清扫，以便驱除残留的
虫体，这样，当夏季繁殖季节来临时，就可以减轻螨虫的危
害。另外，衣物、寝具等等也要经常晒晒太阳，以达到消毒的目
的。

　　现在，对于彻底清除螨虫还没有什么特别有效的方法，人
们只有持之以恒注意居室的清洁卫生，注重室内的换气透风，
才能把螨虫的危害减少到最小程度。否则，这些害虫就会时不
时地给我们的日常生活添加很多麻烦。

👉 关键词：**螨　节肢动物**

# 昆虫有哪些特别之处

　　我们地球上生活的动物，共有120万种左右，它包括水中

的游鱼,天空的飞鸟,陆地上的蛙蛇龟兽,但是,占动物数量最多的是昆虫家族。据生物学家统计,动物中有 80% 是昆虫,也就是说,昆虫的数量差不多达到 100 万种。

什么样的虫才属于昆虫呢?动物学家告诉我们,它们的外形十分独特,那就是在身体外面通常都包着外骨骼,而且整个躯体明显地分为头、胸、腹三部分。

所有昆虫的成虫都有 6 只脚,绝大多数有 2 对翅膀,长在胸部。有些昆虫看上去只有一对翅膀或者没有,那是它们为了适应周围的环境而渐渐退化了,如果你用放大镜仔细观察,仍会找到 2 对翅膀的痕迹。

昆虫的头部都有一对能灵活摆动的触角,它不仅是昆虫的特征,还如同一对多功能的天线那样,是出色的感觉器官。例如雌性飞蛾,只要发出0.05~0.1微克的性信息素,通过空气的传播,就会被远处雄性飞蛾的触角接收到,并纷纷赶来交配。

大多数昆虫都有大大的复眼,是由许多六角形小眼组成,每只复眼最少有 5~6 只小眼,最多的由几万只小眼组成。除此以外,昆虫还有它们独特的取食器官——口器,以及生活史中的独特变态阶段。

很多人常常把蜘蛛误认为昆虫,其实,它与昆虫有不少区别。例如蜘蛛有 8 条腿,脑袋上既没有触角,也没有复眼,并且头部和胸部是合在一起的,没有明显的头、胸、腹三个部分。

除蜘蛛之外,长有许许多多条腿的蜈蚣,尾巴上有毒针的蝎子,生活在水中的小小鱼虫,虽然样子和昆虫差不多,但都不属于昆虫,仅仅是与昆虫有比较近的亲缘关系罢了。

☞ 关键词: **昆虫**

# 为什么一些昆虫具有惊人的力量

在昆虫世界中,许多昆虫具备了不可思议的本领。例如小小的跳蚤,奋力一跃的高度,居然能超过自己身高的200倍。还有蟋蟀和蝗虫,跳跃能力也十分出色。更令人惊讶的是,蚂蚁可以举起相当于自身体重52倍的物体。就连看上去躯体纤弱的蝴蝶,有的也能像候鸟一样,迁飞时连续飞几百千米甚至更远的路程。

昆虫之所以有如此惊人的力量,秘密就在于它们有特别发达的肌肉组织。根据科学家的研究,昆虫的肌肉不仅结构特殊,而且数量多。例如人类有600多块肌肉,而鳞翅目昆虫的肌肉,竟有2000多条。

昆虫的肌肉除了能帮助跳高跳远外,还能帮助远距离飞翔。例如蜻蜓、蝴蝶、蜜蜂、飞蛾等,可以飞得很远很远,就是依靠它们胸背之间连接翅膀的那部分肌肉。

特别是蝴蝶,依靠发达的肌肉使翅膀上下拍击,带动身体前进、后退或转弯。当它停歇不飞时,也会不断拍扇翅膀,那是它利用肌肉运动使体温升高,以便随时能一跃而飞起。这就好像飞机在起飞前,发动机先要运转一阵一样。

☞ 关键词: 昆虫 肌肉

# 昆虫有几种"嘴巴"

昆虫"嘴巴"的科学名称叫口器。虽然昆虫王国有100多

虹吸式

嚼吸式

舐吸式

万名成员，但它们的口器类型却不多，科学家把昆虫口器分为咀嚼式、舐吸式、刺吸式、虹吸式、嚼吸式等几大类。当然，这些口器的形成与昆虫所吃的食物有密切的关系。

蜜蜂的"嘴巴"用处很多，既可以把花粉嚼碎磨细，又能伸到花朵中吮吸花蜜，因此人们把这类特殊的"嘴巴"称为嚼吸式口器。

苍蝇的"嘴"是舐吸式口器的代表。因为当苍蝇停在牛奶或菜汤边时，可以直接用"嘴"吸，如果在糖果和蛋糕等固体食物前，则用"嘴"去舐，把固体食物溶解在自己流出的唾液中，然后再吸食到肚子内。

刺吸式

咀嚼式

蚊子的"嘴巴"很特别,是由一束极细的管子组成。这些管子有硬有软,硬的用来穿刺皮肤,吸取人或动物体内的血液,软的则成为食道管和唾液道等。由于蚊子"嘴巴"有刺入吸食的特点,因此把它称为刺吸式口器。

除蚊子外,蝉也有相类似的刺吸式口器,所不同的是,它的刺吸式口器特别硬、特别长,而且只有一根。我们知道,蝉喜欢吸食树干中的汁液,它的"嘴巴"为了适应食性需求,变成一根又硬又长的"针",这样就能穿透树皮这一保护层了。

蝴蝶和飞蛾的"嘴巴"是根长长细细的管子。平时,管子像钟表发条那样盘卷起来,可一旦来到盛开的花朵上时,管子会一下子伸展变长,足以吸到花朵深处的蜜汁,吃饱喝足后,管子又会卷回成原样。这种有趣的"嘴巴",便是典型的虹吸式口器。

蝗虫的"嘴巴"被称为咀嚼式口器,已经有点像高等动物的嘴了。它的左右两边,有两片带锯齿的大颚,特别适合啃咬庄稼,在大颚下面还有几根触须,专门用来感觉外界的东西。

☞ 关键词:口器

# 昆虫有没有"鼻子"和"耳朵"

春天,桃李盛开,百花竞艳,蝴蝶飞舞,蜜蜂翩跹,许多昆虫在花丛里采蜜传粉,真是一派忙碌景象。蜜蜂和蝴蝶能闻到各种花果的香味,难道说它们也有"鼻子"吗?

昆虫的确有"鼻了"。要是你提到各种昆虫仔细看一下,就会发现它们头上都有一对触角，不过各种昆虫的触角是不一样的：有的是细长的，像一对鞭子；有的生着许多分枝，像两把刷子；有的非常短，下面是一个柄，上面膨大，两只触角像两把短锤。另外，在昆虫的口部下面，还有两对短小的口须。别看触角和口须的模样跟高等动物的鼻子完全不同，可它们却能够像鼻子一样，起着闻气味的作用。因为触角和口须的表面，有许多微小的孔洞，有些孔洞里藏着能够感受气味的细胞。当昆虫遇到带着气味的空气时，靠着这种特殊的构造，就能使它们辨别气味。

这种特殊的"鼻子"，对于许多昆虫是十分重要的。除了蜜蜂和蝴蝶外，还有不少昆虫，都利用嗅觉来寻找食物或寻找配偶繁殖后代。大家熟悉的蚂蚁，可以根据嗅觉来辨认自己的同伴；假若往一个蚂蚁窝里放入几只另一窝的蚂蚁，由于彼此的气味不一样，这些外来的蚂蚁很快就会被咬死。昆虫既然有嗅觉，所以也能避开各种它所不喜欢的气味。

根据昆虫能闻气味的特性，人们已经制造出了许多有气味的药品。其中，有些能够引诱害虫前来，然后捕杀它们；有些能使害虫躲避，可以保护人、物不受虫害，如驱蚊香、樟脑精就能起到这种作用。

昆虫不仅能闻气味，还能分辨声音哩。因为在它们身上长着一些跟耳朵的作用一样的东西。昆虫的"耳朵"很奇怪，而且生长位置很不一致。蝗虫"耳朵"生在腹部第一节的左右两边，每边一只，外表就像半月形的裂口，很容易看见。蚊子"耳朵"生在头部的两根触角上，每根触角的第二节里藏着一个收听声音的器官。蟋蟀的"耳朵"却生在一对前肢的第二节上。而飞蛾的"耳朵"，有的生在胸部，有的生在腹部。

昆虫的听觉能力很特殊。对于声音节律的分辨力特别强，如果每秒钟内声音的断续次数较多，人耳就听不出断续，只感觉到是一片连续的声音。可是，许多昆虫对于每秒钟几十次的节律变化却能够分辨得清清楚楚。不仅如此，科学工作者发现有不少昆虫能够听到超声，有的甚至能听见每秒20万次振动的超声。

昆虫的"耳朵"，主要是用来找寻"配偶"的。如孤单的雌虫，它根据异性发出的声音，就容易找到雄虫的藏身之处，实现它们的交配活动。"耳朵"在保障自身安全上，也起着很大的作用。像许多飞蛾能够听见蝙蝠的声音（这种声音叫超声波，人耳是听不见的），使它们可以迅速离开危险区域，不至于落入蝙蝠的口中。

☞ 关键词：触角　口须

# 为什么有些昆虫会变蛹，
# 有些却不会

养过蚕的人都知道，蚕的一生中会发生好几次形态变化。春天，幼小的蚕宝宝出世了，它们不停地啃食可口的桑叶，经过一次又一次的蜕皮，身体不断长大，我们把这时候的蚕称为幼虫阶段。当蚕宝宝的幼虫长到足够长时，它们开始吐丝结茧，身体变成褐色的蛹。躲在蚕茧里的蚕身体再次发生变化，成为飞蛾破茧而出，并产下许多卵。到了第二年春天，卵又孵化成幼虫，开始了新的一轮生活史。

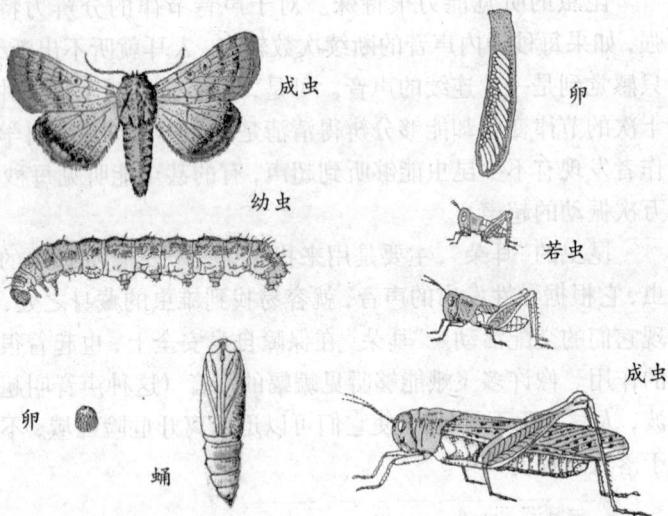

成虫
卵
幼虫
若虫
卵
蛹
成虫

　　蚕是昆虫家族中的成员,一生要经过 4 个明显阶段,那就是幼虫、蛹、成虫(飞蛾)和卵。但也有很多昆虫的一生中,却不会出现蛹这个阶段,这是因为不同种类的昆虫,有不同的变态类型。所谓变态,是指某些动物在幼体发育为成体的过程中,身体的外部形态、内部生理结构以及生活习性所发生的一系列显著的变化。

　　蚕的一生经过 4 个阶段变化,属于完全变态。而昆虫中还有不少种类,生活周期中只有卵、若虫和成虫 3 个阶段,没有蛹期,这就属于不完全变态。例如几乎人人都熟悉的蝗虫,它的卵孵化出若虫,若虫的形态和生活习性与成虫差不多,区别之处是个体小和翅膀发育不全,随着以后一次次的蜕皮,个体渐渐长大,翅膀长全,它就变为成虫了。

除了完全变态和不完全变态外,昆虫中还有增节变态、无变态(表变态)、原变态等变态类型。

关键词: 蚕 蝗虫 完全变态 不完全变态

# 昆虫怎样保护自己

地球上的现存动物中,昆虫占了 80% 左右,可以这样说,在动物界几十亿年的演化历史中,昆虫是最大的赢家。可是我们都知道,与哺乳类、鸟类或者两栖爬行类、鱼类相比,绝大多数昆虫实在是过于渺小,那么,这些如此弱小的东西,面对自然界中残酷的生存竞争,究竟是如何周旋自如,并不断发展壮大的呢?

首先,它们一般都有着极其惊人的繁殖力,举例来说,一对普通的家蝇,在适宜的繁殖条件下产生的后代,如果都能存活并且繁殖,那么半年后,它们的个体总数可以达到 $10^{20}$ 个以上,也就是超过 10 万亿亿个。当然,实际情况不会如此,但是,有了这样天文数字般的基础,即使外部环境相当恶劣,总会有一部分留存下来并且继续繁衍。

其次,昆虫的繁殖并不是非常随意的,它们一般会选择安全性好、食物充足、环境适宜的地方产卵。有些昆虫甚至会为子孙设置一些保护性措施,如我们非常熟悉的蟑螂,它们的卵就是包在卵鞘里的,而象鼻虫的产卵更像是在构筑一项伟大的工程,它费尽心思地把一片叶子卷成圆筒状,卵就产在这个状似摇篮的小天地里。

枯叶蝶

刚刚孵化的幼虫，几乎完全没有抵抗能力，它们鲜嫩多汁的身体，常常成为食虫动物的美餐。所以，很多幼虫会施展各种各样的技巧来保护自己。例如，它们在刚孵化时会聚集成团，使得乍看之下犹如一个庞然大物；或者，它们在危险到来时会装死，以躲避敌人的袭击等等。

与幼虫相比，成虫的装备很齐全，保护措施也更为管用。昆虫的触角和复眼给了它们灵敏的感觉；昆虫摄食用的口器则发展出了咀嚼式、刺吸式等多种样式。对昆虫来说，成功的自我保护装置是飞翔用的翅膀，除了少数种类外，绝大部分昆虫拥有能展翅飞翔的翅膀。显而易见，飞行不仅增加了昆虫的捕食机会，扩大了生存空间，也大大降低了被天敌消灭的可能性。

有些昆虫还会采用巧妙的"障眼法"，使自己不会被擦肩而过的天敌发现。昆虫所用的方法叫拟态，能维妙维肖地模拟其他生物的样子。例如竹节虫看上去很像一段青绿色的嫩枝条；枯叶蝶停在树枝上，简直和一片枯树叶一模一样。

当然，昆虫能够如此在地球上天马行空，还与它们的特殊性能及构造有关。因为它们的体型小，所需的食物和生活空间也就相对较小；还有它们对环境要求不高，以及身体有外骨骼保护等等。总而言之，昆虫在自然界的长期演化过程中，形成了一套适合于自己的独特的生活方式，才使得它们在这个弱肉强食的世界中，面对无数强劲的敌人，仍然能够生生不息，繁荣昌盛。

关键词：繁殖力　翅膀　口器　拟态

# 为什么昆虫大多不会直线行走

鸡行走时，一条腿先抬起，另一条腿支撑着身体的重量，先抬起的腿向前迈出，再着地，而后支撑着身体的腿再抬起，迈出着地。这样，不停地一先一后，互相交替着带动身体向前行进。

如果站在鸡的身体后面看鸡的行走，就会发现鸡的身体在两条腿短暂的交替过程中，一会儿稍微升高，一会儿稍微降落。尽管一高一低、左摇右晃地行走，但由于它的两条腿长度相同，迈出去的距离相等，因此迈步向前行走的方向仍成为一条直线。

猪、羊、牛、马等动物，虽然各有四条腿，但由于四条腿的长度相等，而且也是左前右后、右前左后地由两条腿交替支撑着身体向前迈进，所以它们走起路来也总是直线向前。

但是，大多数昆虫的成虫则不然，它们在地上爬行时，总是左歪一下、右扭一下地成"之"字形向前行走。那么，昆虫为什么不会直线走路呢？

昆虫是六足动物,两侧各长着3条细长的足,每条足又分为5小节,而且前面的一对足短,后面的一对足长,中间的一对介乎于前后足之间。当它行走时,6条足既不能同时迈动,也不能将身体一侧的3条足同时迈动,否则,就会使身体悬空或歪倒。昆虫便巧妙地把6条足分成两组:一组由一只右前足、一只左中足和一只右后足组成;另一组则由一只左前足、一只右中足和一只左后足组成。昆虫向前爬行一步,身体便由两组足中一组支撑着身体,而另一组便稍为举起脱离地面,向前迈进。这样,昆虫的身体始终像被一只非常稳固而均衡的三角架支撑着。

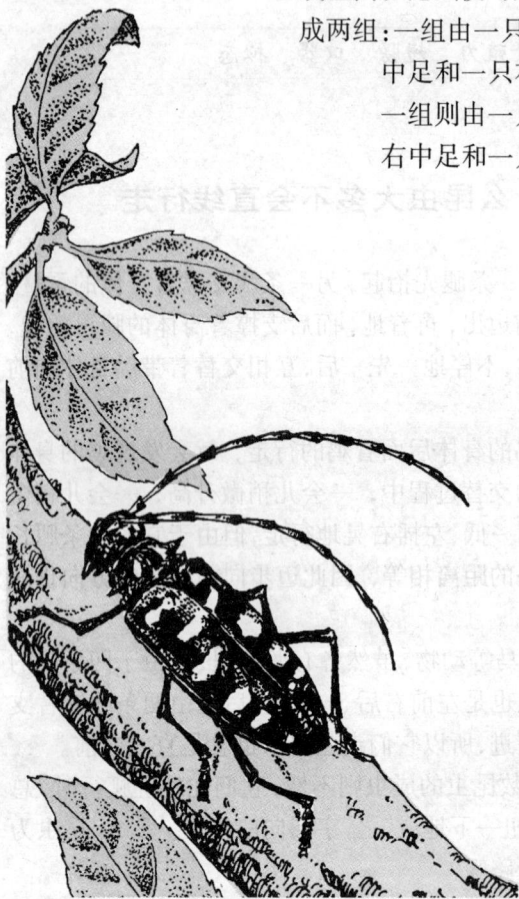

有人仔细观察了昆虫的爬行,它

先由一组的前足向前伸出，并用跗节前端带钩的爪，抓住地面的凹凸部分，起到向前拉的作用；另一侧的中足，特别是同侧后足，便尽量将足上的节伸开，把身体向前推进，由于前足和后足的长度不同，当后足向前用力时，便将离开地面的中足及身体推向偏离直线的一方，使身体中轴倾斜。当另一组的前足抬起时，为了使身体向前行进，便向与身体相反方向伸去，后足用力推进，又将身体扭向另一方向。这样，昆虫就左歪一下、右扭一下地成"之"字形向前行走了。

昆虫离开地面，在较粗的树干上爬行时，也是左歪右扭不成直线。如果在较细的枝条上爬行，它便在树枝上转圈向前行进。这都是前足与后足向前推进时距离不同造成的。

☞ 关键词：昆虫爬行

# 雌螳螂会吃雄螳螂吗

螳螂是昆虫王国的小霸王。它身体修长，外表优雅，但性格却十分凶猛，特别是它具有一对特化成"大刀"的前足，使它成为害虫的可怕天敌。

很多书中在描述螳螂的凶残行为时都这样说，雌螳螂与雄螳螂交配之后，会马上回转身，咬住"丈夫"的脖颈，一口一口地将它吃掉，直到剩下两片残翼为止。有的书中在解释这种现象时甚至还说，螳螂的这种行为是固有的天性，雄螳螂甘愿舍身做"妻子"的食物，是为了让"妻子"获得足够的营养，以便养育后代。

　　雄螳螂的命运真那么悲惨吗？1984年，德国科学家拉斯克和美国科学家戴维斯，对螳螂的生活习性进行了长期的研究。他们用录像机录下了19对螳螂交配的全过程，结果发现，没有一只雄螳螂在交配之后丧命于雌螳螂的口中。相反，螳螂在交配过程中，充满着绵绵情意。

　　既然如此，为什么会产生雌螳螂吃雄螳螂的说法呢？原来，19世纪有一位叫法布尔的著名昆虫学家，他在《昆虫日记》这本著作中，曾生动地描述了雌螳螂在交配之后，怎样回过头来吃掉背上雄螳螂的过程。从此以后，几乎所有提到螳螂的书，都沿袭了这一说法。

　　法布尔在书中描述的情况在自然界是存在的。这是因为，雌螳螂交配之后，在没有充足的食物的情况下，是会以已完成使命的雄螳螂作为营养补充的，这与有些昆虫蜕皮后，将蜕下的皮吃掉，有些雌性哺乳动物在生产后将胎胞吃掉的道理一样。

　　关键词：螳螂

# 为什么蜻蜓的翅膀上
# 有块加厚的翼眼

　　蜻蜓,是人们最常见的昆虫。它有平展的四片翅膀,细长的腹部,看上去很像一架小飞机。如果你仔细观察的话就会发现,在它翅膀的前缘上方,有一块深色的角质加厚区,动物学家将它称为翼眼或翅痣。翅膀上的翼眼,对蜻蜓有什么用处呢?

　　动物学家告诉我们,蜻蜓是昆虫王国中出色的飞行家。它不仅飞得快,飞得高,而且能做许多现代飞机做不到的高难度动作,既可以侧飞、倒飞或平直地悬在半空,也可以在急飞时突然降落。蜻蜓在高速飞行时,每秒钟要挥动翅膀 30～50 次,可奇怪的是,蜻蜓的翅膀看上去柔弱单薄,却能在这种颤振之下安然无恙。因为在亿万年前,大自然就为蜻蜓配备好了奇妙的消颤振装置,那就是翼眼,它使高速颤振的翅膀不受影响。

　　在空中高速飞行的飞机,也与蜻蜓一样,机翼会发生颤振,结果常常出现机翼折断、机毁人亡的悲剧。后来,科学家从蜻蜓

的翼眼中受到启发,模仿蜻蜓的翅膀,在机翼的前缘末端,焊上一个加重装置,这样就把有害的颤振消除了。

关键词: 蜻蜓 翼眼 翅痣 颤振

## 蜻蜓为什么要"点水"

"点水蜻蜓款款飞"是我国古人的诗句,可见蜻蜓点水的现象,人们早就注意到了。但是,蜻蜓到底为什么要点水?古人并没有说出来。

原来蜻蜓和其他许多昆虫不一样,卵是在水里孵化的,幼年时期生活在水中。幼虫的形状并不像我们所见的蜻蜓,虽有3对足,却没有能飞翔的翅膀。它的下唇很长,可以曲伸,顶端有钳,变成了捕捉食饵的工具。在休息的时候,下唇可以折曲,将口全部遮盖起来。池塘中的蜉蝣或摇蚊等类幼虫是它的主要食料。这种蜻蜓的幼虫,我们叫它"水虿"。水虿成熟之后,从水草上爬出水面,蜕皮而成蜻蜓。所以,有时我们看到它在河

浜或池塘水面上,不时地把尾巴往水中一浸一浸地低飞着,实际上,这种"点水"就是蜻蜓产卵的动作。

关键词: 蜻蜓　水蚤　产卵

# 白蚁与气温升高有什么关系

进入 20 世纪 80 年代后,全球气候逐渐变暖,不少地区出现了奇特的暖冬现象, 这对人类社会带来了一系列的不良后果, 因此, 联合国环境规划署决定,1989 年 6 月 5 日"世界环境保护日"的主题为"警惕,全球变暖"。

什么原因使全球气温升高呢? 美国国家气象研究中心气象化学家帕特里克·齐默尔曼教授认为, 除了人类活动而不断增加大气中二氧化碳的含量,形成"温室效应",以及厄尔尼诺现象等因素外,昆虫家族中的白蚁居然也与此有关。这似乎令人不可思议,小小的白蚁与气温升高仿佛风马牛不相及,两者怎么会扯在一起呢?

我们知道, 白蚁的腹中大约生存着 100 多种细菌和原生动物,由于它们的存在,喜欢啃咬木头的白蚁,把大量木质纤维素食物吞下肚后就能被消化。但是,这类微生物在消化分解纤维素的过程中,必然会产生出一种副产品——甲烷。

甲烷, 也就是平常人们所说的沼气。它在较低的大气层里, 经过反应后能够形成二氧化碳, 而大气中的二氧化碳增加,会导致地球中的热量不易散发,形成"温室效应"现象。

白蚁产生甲烷,虽然已有几百万年的历史,但是齐默尔曼教授认为,它们产生甲烷的量是近年来才加剧的,估计每年向大气释放1.5亿吨甲烷,这是个不小的数字,对地球温度的升高必定会有一定的影响。

☞ 关键词: 白蚁　甲烷　温室效应

## 蟋蟀是用嘴鸣叫的吗

在秋天的夜晚,草丛中,墙角下,经常会传来"嚯! 嚯!"的声音, 这是少年朋友很喜爱的昆虫——蟋蟀在鸣叫。有趣的是,这种响亮的叫声并不是从蟋蟀的嘴巴中发出,而是通过翅膀的互相摩擦产生的。

常见的蟋蟀成虫都有两对翅膀。前翅质地较硬,起发声和保护身体的作用;后翅的质地柔软,起飞翔的作用。雄性蟋蟀的前翅通常有各种纵横相交或平行的翅脉, 翅脉之间形成透明的翅窗。两前翅基部的一条脉特别粗壮,成了蟋蟀的发音器官, 而右前翅基部的横脉下面长有一排齿状的突起, 形成音

齿。雄性蟋蟀鸣叫时,右前翅的音齿与左前翅的横脉不停地摩擦产生声音,就像小提琴的弓不断地摩擦琴弦,带动了透明翅窗的共振。一只体长仅有十几毫米的蟋蟀能发出非常响亮的声音,当栖居在洞穴、砖隙、石缝中的蟋蟀鸣叫时,借助于居所的扩音作用,声音会更加响亮。

☞ 关键词: 蟋蟀　发音器官　音齿

# 为什么蝗虫要成群活动

　　说起蝗虫,人们便会联想到铺天盖地的蝗群。1889 年,在红海上空出现了有史以来最大的蝗群,估计有 2500 亿只,飞行时犹如一大片有生命的乌云,挡住了阳光,使大地一片昏暗。的确,蝗虫不管是在天空中飞翔,或在地面栖息,总是保持着合群性,这是它们的生活习性和环境影响的结果。

　　蝗虫喜欢成群活动,与它们的产卵习性有很大关系。当雌蝗虫产卵时,它们对产卵场所有比较严格的选择,一般以土质坚硬,并含有相当湿度,有阳光直接照射的环境最为适宜。在广阔的田野里,能符合这种条件的地区比较少,因此,它们往往在一个面积不太大的范围内,大批地集中产卵,再加上这小区域里的温湿度差异很小,使卵孵化整齐划一,以至蝗虫的幼虫一开始就形成了互相靠拢、互相跟随的生活习性。

　　蝗虫所以要成群生活,也与它们生理上的需要有关。它们需要较高的体温,以促进和适应生理机能的活跃。因此,它们必须一方面集群而居,彼此紧密相依,互相拥挤,以维持体内温度,使热量不易散失;另一方面,又要从环境里不断获得热的补充,使体温继续增加,加强生理活动。

既然成群活动的蝗虫,都有这一共同生理特点,所以在它们结队飞行之前,只要有少数先在空中盘旋,很快会被地面上的蝗虫所感应,并群起响应,这样,它们的队伍会迅速地形成,并且数量也越来越大了。

☞关键词:蝗虫　集群生活

# 跳蚤为什么能跳得高高的

跳蚤是出名的"吸血鬼",身体扁得不能再扁,体长也只有1~5毫米,头小而无翅。

然而,对付小小的跳蚤可不容易,要活捉它更难。因为它是昆虫世界的跳跃冠军。跳蚤跳高的世界记录是22厘米,跳远是33厘米,还能在垂直的玻璃上爬行。

按照高等动物标准,22厘米高度、33厘米距离,并没有什么了不起。不过,跳蚤一跳就是自己身长的上百倍,就这一点来说,任何善跳的高等动物都是无法与它相比的。

为什么跳蚤具有如此惊人的跳跃本领呢?

昆虫学家告诉我们:跳蚤的后足非常发达,足的长度比整个身子长,又特别粗壮。跳跃前,肌肉发达的胫节紧靠腿节,然后用力收缩强大的胫节提肌,缩得越紧,伸展开来的力量就越强,跳得越高。就像挥拳击打的原理一样,先将手臂收缩曲起,然后再击出去会更有力量。跳蚤的跳跃与其他善跳昆虫相比,还有一个不同点,它的中足和前足也可后蹲,来协调整个身子的跳跃动作,这样,它就更增强了跳跃的力量。

昆虫学家对跳蚤的跳跃曾做过细致观察:跳蚤跳跃时,会在空中进行翻身(这是因为其身体的重心位于后部的缘故)。如果一旦碰上障碍物,即可转换方向;而且发觉物体不适合它停留时,又可立刻往回跳跃。

关键词: 跳蚤　跳跃

# 埋葬虫为什么要埋葬小动物

路旁躺着一只死了的小鸟,可是过了一天,这只死鸟突然不见了。谁把它拿走了呢?是埋葬虫把它掩埋起来了。要是你不信,就试试看。埋葬虫是一种黑色的甲虫(常带红斑)。它闻到死鸟的味道,就从四面八方爬来或飞来,立刻把死鸟包围住,并马上挖起土来,土越挖越松,死鸟也就越陷越深,终于把死鸟埋在土里了。

法国昆虫学家法布尔曾经做过许多次观察,他用一系列的方法阻碍埋葬虫顺利地进行工作,可是它们却破除重重障碍,把一只死鼹鼠埋了起来。法布尔先把死鼹鼠绑在一根横着的棍上,棍子架在两个小树杈上,死鼹鼠虽然挨着地,可是掉不下去。埋葬虫找到死鼹鼠后,先在死鼹鼠周围挖个坑,然后,一只埋葬虫爬上鼠体,发现了绳子,用嘴咬断了绳扣,死鼹鼠的一头掉进坑里,另一头却斜挂在棍上;埋葬虫又找了半天,终于找到并咬断了另一个绳扣,这样才把死鼹鼠埋了起来。

埋葬虫究竟为什么要这样千方百计地埋葬鸟、鼠等死动物呢？原来,这是埋葬虫繁殖后代的一种方式:它们在埋下的动物尸体上,产下了卵,不久孵化出来的小幼虫,就可无忧无虑地吃着它们的父母早给它们准备好的食物,迅速成长起来。

☞ 关键词：埋葬虫

# 屎壳郎为什么要滚粪球

每年夏秋季节,在田野和道路旁,常常能看到一对对油黑肥胖的甲虫,在滚动着一团灰黑色的垃圾,这就是人们常说的屎克郎,它的科学名称叫蜣螂。

屎壳郎滚动的这个粪球,是怎么做成的呢？原来,屎壳郎的头前面非常宽,上面还长着一排坚硬的角,很像一把种田用

的圆形钉耙。屎壳郎用头上这把"钉耙",将潮湿的人、畜粪便堆集在一起,压在身体下面,用3对足搓动。起初搓动时是一堆不大也不圆的垃圾,经过慢慢的旋转,就成了枣子那么大的圆球。于是,这种小甲虫把圆球推着滚动,粘上一层又一层的土,有时地面上的土太干粘不上去,它们还会自己排些粪便粘土哩。这个圆球,往往是一对雌雄屎壳郎合作做成的。

屎壳郎推粪球时,往往一个在前,一个在后。前面的一个用后足抓紧粪球,前足行走,用力向前拉,后面的用前足抓紧粪球,后足行走,用力向前推,碰上障碍物推不动时,后面的就把头俯下来,用力向前顶。

它们要把粪球推到什么地方去呢?这个粪球又有什么用处呢?

原来,屎壳郎推粪球是为它们的儿女贮备食料。屎壳郎把粪球推到一个比较安全的地方后,就用头上的角和3对足,将粪球下面的土挖松,使粪球逐渐下沉,再将松土从粪球四周翻上来。这样大约不停地忙碌2天时间,当粪球下沉到土中时,由雌虫在粪球上产下卵。这样,屎壳郎才算把一场繁忙的传种工作完成,然后双双从松土中间往上爬,同时逐层将土压紧,直至与地面齐平。

卵在洞中过一段时间后,会孵出白色的幼虫来,幼虫就以粪球作为食料。

屎壳郎很喜欢用牛粪做球,因为牛是反刍动物,吃到肚里的食物嚼得很碎,拉的粪便比较稀,容易粘在一块儿,而且营养丰富,幼虫最爱吃。

☞ 关键词:屎壳郎

# 萤火虫为什么会发光

萤火虫是一种有益的昆虫。我国古代把萤火虫叫做"夜照"、"熠熠"等,意思都是说它会发光。关于利用荧光照明,在科学不发达的古代,是很常见的,但萤火虫为什么会发光,他们不一定知道。

萤火虫的光有的黄绿,有的橙红,亮度也各不相同。如果我们把它们捉来放在小玻璃瓶里,就可仔细观察它们发光的特点。原来它们发光的部分是在腹部最后两节,这两节在白天是灰白色,在黑夜才能发出光亮。光是通过透明的表皮而发出,表皮下面是一些能发光的细胞,发光细胞的下面是另一些能反射光线的细胞,可以看到其中充满着小颗粒,称为线粒体。线粒体能把身体里所吸收的养分氧化,合成某种含有能量的物质。发光细胞里含有很多线粒体,说明它们能制造比较多的含有能量的物质。发光细胞还含有两种特别的成分:一种叫做荧光素,一种叫做荧光酶。荧光素和含能量的物质结合,在

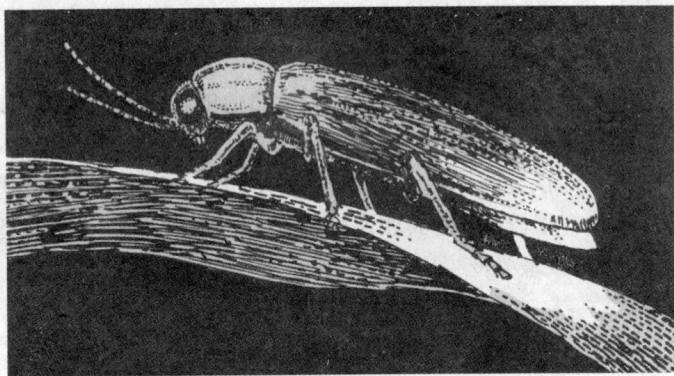

高山锯萤

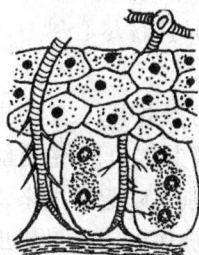

发光器剖面

有氧气时,受荧光酶的催化作用,使化学能转化为光能,于是产生光亮。萤火虫常常一闪一闪地发光,是因为它能控制对发光细胞的氧气供应的缘故。

萤火虫发光的颜色不同,是由于它们所含的荧光素和荧光酶各不相同。萤火虫的发光有引诱异性和使同类聚集的作用,我们可以看到捉在小玻璃瓶里的萤火虫可引诱在较远处的萤火虫向小瓶飞来。

有趣的是,萤火虫不但成虫能够发光,它的卵、幼虫和蛹也都能发光呢。

关键词: 萤火虫　发光细胞　线粒体　荧光素　荧光酶

## 瓢虫都是益虫吗

瓢虫是昆虫王国中一类体形很奇怪的成员,它们好像被一切为二的半个小皮球,或者像一个微型水瓢,因此就得到了瓢虫这个名字。

说起瓢虫,在很多人的心目中都这样认为,瓢虫是吃蚜虫的专家,而蚜虫又是庄稼的敌人,所以瓢虫属于益虫。

其实，世界上有4000多种瓢虫，虽然它们中的大多数是人类的朋友，为保护庄稼尽心尽力，但也有一些专门危害庄稼的种类。

在我们常见的瓢虫中，二星瓢虫、六星瓢虫、七星瓢虫、十三星瓢虫和大红瓢虫，它们无论是幼虫还是成虫，都善于消灭蚜虫和介壳虫，特别是吃起蚜虫来，简直如同狼吞虎咽一般。

但是，瓢虫家族中的十一星瓢虫和二十八星瓢虫，则喜欢成群结队地爬在茄子、马铃薯、柑橘、梨树或桑树上，大肆啃咬，把叶子表面咬出一条一条的伤痕，使农作物和果树大大减产。这一类的瓢虫，只能算是害虫了。

由于瓢虫的种类很多，怎样才能知道它们谁是益虫，谁是害虫呢？有一个简单的鉴别方法，那就是观看瓢虫外表的硬翅。凡是硬翅细腻、特别光滑和闪闪发光的，基本上都是肉食性的益虫。如果硬翅上面有密密麻麻的细绒毛，不管有什么颜色斑纹，这类瓢虫十有八九是依靠吃植物为生的，大多属于害虫。

☞ 关键词：瓢虫


# 蚕豆象是怎样钻进蚕豆里的

蚕豆象是危害蚕豆的主要害虫。在粮食仓库里，当我们剥开一粒粒蚕豆的表皮，有时可以发现有数目不等的蚕豆象的幼虫，将豆瓣蛀食成一个个小圆洞，而蚕豆的表皮却依然完好无损。

奇怪，既然蚕豆表皮完好无损，那么，这些蚕豆象又是怎样钻进豆瓣里去的呢？

这的确是一个有趣的问题。不过，只要我们了解了蚕豆象的生活史，这个问题也就迎刃而解了。

原来，蚕豆象的幼虫在蚕豆开花刚开始形成种子时，就进入了蚕豆里。我们知道，每年4月，正是蚕豆开花的季节。这时，如果你到蚕豆田里仔细观察，就会发现蚕豆象的成虫飞来飞去，并且有成对的雌雄蚕豆象在交配。交配后的雄蚕豆象很快就死去，而"怀孕"的雌蚕豆象则慢慢爬到蚕豆花瓣的中心，将尾部的产卵管插入雌蕊柱头的裂口，产进2～6粒卵。

蚕豆象的卵在蚕豆花的雌蕊柱头里，大约一个星期后，便孵化为幼虫。幼虫一出来，即沿着雌蕊的柱头向下移动，进入子房，再进入胚珠。这样，当蚕豆花完成传粉以后，胚珠所发育成的种子里，就已经埋伏了蚕豆象的幼虫了，以后便随着收获的蚕豆种子进入了仓库。

蚕豆象的整个幼虫期为100天左右。在这期间，它们不停地蛀食豆瓣。所以剥开受害蚕豆表皮，就会发现豆瓣上有一个个小圆洞。

由此可见，蚕虫象对蚕豆的危害，是从田间蚕豆开花时开始的，但危害的盛期，则是蚕豆贮存进仓库以后。

掌握了蚕豆象的生活特性，人们摸索出一些消灭蚕豆象的办法。通常最有效的方法是，将蚕豆盛入筐中，在沸水中浸30秒钟，取出后放入冷水，再拿出摊开晒干。这种方法既能将幼虫杀死，又不影响种子的发芽率，真是两全其美。

关键词：**蚕豆　蚕豆象**

# 为什么说白蚁不是蚂蚁

　　白蚁和蚂蚁，都有一个"蚁"字，一般人就把它们混为一谈，但在分类学中，它们并不是一家人。

　　虽然白蚁和蚂蚁在外形上很相似，可是，白蚁的一生，只经历卵、若虫、成虫三个阶段，没有蛹期，属不完全变态昆虫；而蚂蚁的一生，要经历卵、幼虫、蛹、成虫四个阶段，所以蚂蚁是完全变态的昆虫。

　　白蚁的颜色，多数为灰白色和淡白色，呈透明状，胸腹交接处比较粗大，很难分清是"腰"部还是腹部，有翅成虫的前后翅大小和长短相等，翅长超过体长；而蚂蚁的体色，多为黄、褐、黑和橘红色，"腰"身较细，并有三角结节，故有"细腰昆虫"之称，且有翅成虫的一对翅大，一对

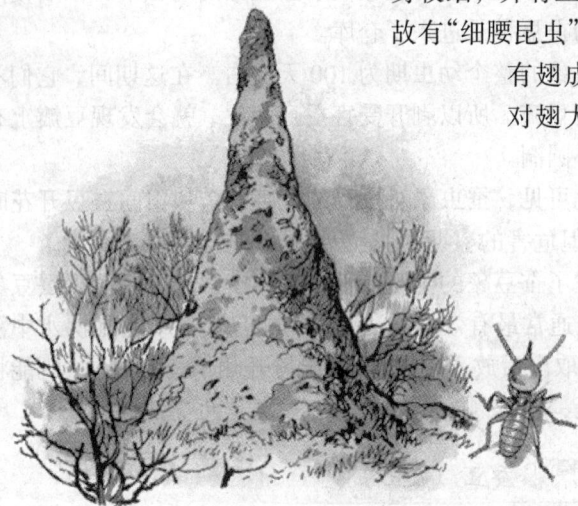

翅小，前翅大于后翅。

白蚁的主食，是木材和含纤维素的物质，它们大多不贮藏食物；而蚂蚁的食性很广，不论动物性或植物性的食物都要吃，并有贮藏食物的习性。

白蚁的工蚁和兵蚁都怕光，而蚂蚁是不怕光的，路边和石缝边常可见到它们的踪影。

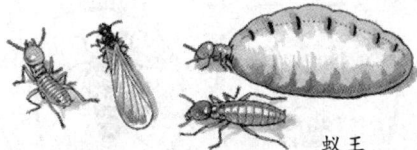
兵蚁　有翅成虫　　　　蚁后
蚁王

关键词：白蚁　蚂蚁　不完全变态
　　　　完全变态

# 为什么蜜蜂能知道
# 什么地方可以采蜜

人工养殖的蜜蜂大都住在木箱子里，而野蜜蜂则住在墙洞、树洞里。虽然它身体小，却能够飞到几千米以外的地方，去采集百花甜汁来酿造蜂蜜。它怎么知道哪里有花蜜呢？

蜜蜂是一种过集体生活的昆虫，在一群蜜蜂中，有一只蜂王(母蜂)和许多工蜂以及少数的雄蜂。工蜂在蜂群中要算最勤劳的了，它担负着采蜜、侦察、守卫、清理蜂箱和饲喂小蜜蜂等等的工作。

在春暖花开天气温暖的季节，一些做侦察工作的蜜蜂就飞出箱外去寻找蜜源。当侦察蜂在外面找到了蜜源，它就吸

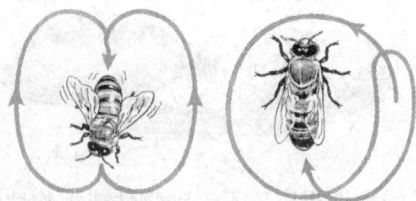

8字舞　　　　圆形舞

上一点花蜜和花粉，很快地飞回来。回到蜂群后，它就不停地跳起舞蹈来。你不要以为这仅仅是一种欢乐的表现，其实这舞蹈是蜜蜂用来表示蜜源的远近和方向的。蜜蜂舞蹈一般有圆形舞和8字舞两种。如果找到的蜜源离开蜂巢不太远，就在巢脾上（蜜蜂用来装蜜、孵育小蜜蜂和住宿的地方）表演圆形舞；如果蜜源离得比较远，就表演8字舞。在跳舞时如果头向着上面，那么蜜源就是在对着太阳的方向，要是头向着下面，蜜源就是在背着太阳的方向。

　　在蜂箱里的蜜蜂，得到了侦察蜂带来的好消息，有的就很快地飞出箱外，按着它所指引的方向飞去。这些外出的蜜蜂吃饱花蜜飞回来以后，也同样地向同伴们跳起舞来，动员大家都去采蜜。这样一传十、十传百，越来越多的蜜蜂都奔向蜜源，进

行大量的采集工作。

## 蜂蜜是怎样酿成的

很多人都知道，蜂蜜是蜜蜂通过采集花朵中的甜汁酿制出来的，但这个采集酿制的过程有多么艰辛复杂，却常常不为人所知。

春夏季节是鲜花盛开的时期，蜜源最为丰富。这时候，工蜂开始频繁地外出采蜜。它们停在花朵中央，伸出精巧如管子的"舌头"，舌尖还有一个蜜匙，当"舌头"一伸一缩时，花冠底部的甜汁就顺着"舌头"流到蜜胃中去。工蜂们吸完一朵再吸一朵，直到把蜜胃装满，肚子鼓起发亮为止。

在通常情况下，一只工蜂一天要外出采蜜 40 多次，每次采 100 朵花，但采到的花蜜只能酿 0.5 克蜂蜜。如果要酿 1 千

克蜂蜜，而蜂房和蜜源的距离为 1.5 千米的话，几乎要飞行 12 万千米的路程，差不多等于绕地球飞行 3 圈。

采集花蜜如此辛苦，把花蜜酿成蜂蜜也不轻松。所有的工蜂先把采来的花朵甜汁吐到一个空的蜂房中，到了晚上，再把甜汁吸到自己的蜜胃里进行调制，然后再吐出来，再吞进去，如此轮番吞吞吐吐，要进行 100~240 次，最后才酿成香甜的蜂蜜。

人们常说"百炼成钢"，而蜂蜜才真正是百炼而成的呢。为了使蜜汁尽快风干，千百只工蜂还要不停地扇动翅膀，然后把吹干的蜂蜜藏进仓库，封上蜡盖贮存起来，留作冬天食用。

工蜂除了调制"细粮"蜂蜜外，还会把采蜜带回来的花粉收集起来，掺上一点花蜜，加上一点水，搓出一个个花粉球，做成蜜蜂们平时吃的"粗粮"。

蜜蜂酿制蜂蜜，不仅为自己准备好了口粮，还为植物传播花粉起到了巨大作用。在为果树和农作物传粉的昆虫中，蜜蜂是绝对的主力军。例如一只蜜蜂一次飞行，能给瓜类带来 48000 粒花粉，一只蚂蚁只能带 330 粒。通过蜜蜂的传粉，果树和农作物的产量能得到大幅度的增加。

☞ 关键词：蜂蜜　蜜蜂　花粉球

# 蜜蜂螫人后为什么会死去

大家都知道蜜蜂会螫人，所以很多人怕蜜蜂。其实，蜜蜂不到万不得已是不会螫人的，因为蜜蜂螫人以后，自己也要死去。

蜜蜂在什么情况下要螫人呢？蜜蜂不喜欢黑色的东西和酒、葱、蒜等特殊气味，所以当养蜂人管理蜂群时如果穿着黑色衣服，身上带有酒、葱、蒜等特殊气味接近蜂群时，就有挨螫的危险。蜜蜂和其他很多生物一样有自卫的本能，如果我们去扑打它，也有挨螫的可能。

蜜蜂螫人后自己为什么会死去呢？原来，蜜蜂是用腹部末端的刺针螫人的，刺针是由一根背刺针和两根腹刺针组成，后面连着大、小毒腺和内脏器官，腹刺针尖端有好几个小倒钩；当蜜蜂刺针螫入人体的皮肤以后，再拔出刺针时，由于小倒钩牢固地钩住了皮肤，所以刺针连同一部分内脏也一起拉了出来，这样，蜜蜂当然会死亡。所以，蜜蜂不到万不得已时是不会螫人的。但当蜜蜂螫到那种身上覆盖着硬质表皮的昆虫时，它可以从破口中拔回刺针，而使自己免于死去。

☞ 关键词：蜜蜂　螫

# 虎天牛为什么像胡蜂

有一种叫做虎天牛的昆虫，它的样子偏偏与我们熟悉的天牛毫不相干，无论从大小、形状、色彩还是其他方面来看，它都像一只胡蜂，虎天牛为什么像胡蜂呢？

我们知道，胡蜂有一样叫人害怕的武器，那就是尖利的毒针，如果谁被毒针刺到的话，不但极其痛苦，还有性命之忧。因此，不仅是各种动物，即使是人类，对它也是怯而远之。而虎天牛就不同了,它在自然界中并不是什么厉害角色。为了自身的安全考虑,虎天牛不惜委身于胡蜂一族,拉大旗作虎皮,当它披着类似胡蜂的外衣在天空中悠哉游哉时,其他的动物避之还惟恐不及呢!

虎天牛的这种本领称为拟态,其实,在自然界中,很多弱小动物,从自己的利益出发,会做出各种各样的拟态,著名的枯叶蝶就是其中之一。混在一大堆的落叶之中,即使你眼睛再好,初初一看,多半会被它骗过,因为它们实在太像一片枯叶了,一阵风吹来,它就像叶片那样在风中摇摆。

还有一种眼珠蛙,除了头部上方正常的两只眼睛之外,在它的背部两侧,也有着两个与眼睛一模一样的花纹,这种拟态有什么用呢?科学家在观察研究时发现,这是一种非常聪明的防御办法。因为捕食者对眼睛最为敏感,它们一看到眼睛,第一反应就是被对方发现了,从而造成短暂的惊吓,这样就使眼珠蛙有机会逃跑,即使捕食者再鼓余勇,攻击的目标也是背部,眼珠蛙的损伤就可以减低到最小程度。

鮟鱇鱼的背鳍也经过拟态成为了海藻的样子,它轻轻摇动的"鱼饵"吸引了以海藻为食物的小鱼们前来美餐,鱼儿哪里想得到,这其实是它们的敌人施展的捕食技巧。鮟鱇鱼无须穷追猛打,只要晃动自己的背鳍,美味佳肴便会不请自到,如此的拟态,在自然界中也是别具一格的。

拟态是动物在自然界长期演化中形成的特殊行为,实行拟态行为的也多属于较为弱小的动物,否则,它们就很容易被天敌捕捉吃掉。

☞ 关键词: 虎天牛　胡蜂　拟态　眼珠蛙　鮟鱇鱼

# 苍蝇为什么能停立
# 在垂直的玻璃面上

人在冰面上走路,常常要摔跤。而苍蝇落在垂直的玻璃面上,不但不会滑落下来,而且能自由地在垂直的玻璃上爬行,这是什么道理呢?

原来,苍蝇有适合于在垂直玻璃上行走的特征。它的6只脚上,各有一个"爪",在爪的基部还有一个被一排茸毛遮住的爪垫盘。当苍蝇在玻璃片上走动,脚部茸毛尖处便分泌出一种液体,经分析,这种分泌物是由中性脂质物构成的,具有一定的粘附力。此外,蝇类的爪垫盘是一个袋状结构,内部充血,下面凹陷,其作用犹如一个真空杯,便于吸附在光滑的表面上或倒悬其上。

为了确定脂质分泌物的作用大小, 科学家让苍蝇在浸有乙烷过滤液的玻璃片上行走,同时测定其粘附力,结果仅为有脂质分泌时的 1/10。这说明,在玻璃与茸毛间,该脂质的表面张力发挥了粘附剂的作用。

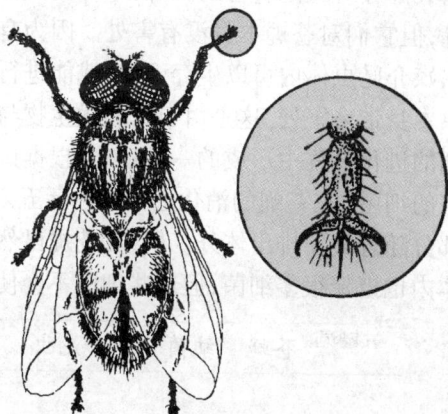

苍蝇接触玻璃表面的茸毛，与使用几只脚站立有关。因此，苍蝇在玻璃上的粘附力与站立脚只数成正比关系，即接触玻璃面的脚愈多，其粘附力愈强。

☞ 关键词：苍蝇　爪垫盘

# 苍蝇专门呆在脏地方，
# 为什么自己不会生病

苍蝇喜欢呆在粪便和腐败的动、植物等肮脏东西上生活。在各种腐败的脏东西里面，包含着大量的、各式各样的细菌。苍蝇呆在这些脏地方，吃这些脏东西，身体上必然会感染很多细菌，为什么自己不会生病呢？

苍蝇身体感染的许多细菌，主要躲藏在消化道里。这些细菌大部分对人是有害的，如伤寒杆菌、痢疾杆菌和其他病原体等，但它们对苍蝇本身没有害处。因为有些致病的微生物，虽在媒介昆虫体内可以生存下去，或能进行繁殖，可是不会对昆虫本身带来害处。这是由于致病微生物与媒介昆虫之间，在长期的进化过程中形成的一种适应。根据试验证明，很多对人有害的细菌，在苍蝇的消化道内仅生活五六天，一部分死亡，一部分随着粪便排出体外。所以，苍蝇虽然专门呆在脏地方，身体内也携带很多细菌，但这些细菌不会使它生病。

☞ 关键词：苍蝇　细菌　媒介昆虫

# 蚊子为什么喜欢叮
# 穿黑色衣服的人

蚊子头部有一对大眼睛,几乎占去头部四分之三的地方,它是由许许多多小眼组成的,叫复眼。这种眼睛,不但能够辨别物体,同时还可以区别不同颜色以及光线的不同强度。

蚊子多半是喜欢弱光的,全暗或强光它都不喜欢。当然,因为蚊子种类不同,所喜爱光的强弱程度也有所不同。例如伊蚊多半白天活动,而库蚊和按蚊多半在黄昏或黎明时活动。不论在白天活动的或在晚间活动的蚊子,都喜欢躲避强光;即使是白天活动的伊蚊,也是在午后三四点钟时才开始活动。

当我们穿上黑色衣服时,衣服反射的光线较暗,适宜蚊子的生活习性;相反,白色衣服反射的光较强,对蚊子就有驱避作用。由于这个原因,我们穿黑色衣服要比穿白色衣服被蚊子叮咬的机会多。

关键词: 蚊子

# 蝴蝶翅膀上的花纹
# 有什么用处

有人把蝴蝶称为"会飞的花朵",这是因为,在它的两对翅膀上,常常有美丽鲜艳的花纹。

蝴蝶翅膀上的花纹有什么用处呢?动物学家告诉我们,它主要是起保护自己免遭被天敌取食的作用。有些花纹和颜色与蝴蝶栖息地的背景相一致，如树皮状的花纹，或花瓣似的颜色，这叫做隐蔽色或保护色。有些蝴蝶翅膀上圆形的花纹像两只大大的眼睛，有些则有非常艳丽醒目的条纹和颜色，可以用来吓唬捕食者，这叫做警戒色。有些蝴蝶的花纹是模仿植物的某一部分，如枯叶蝶，它们的翅膀上有非常逼真的"叶脉"和"叶柄"，这种叫拟态。还有一些无毒的蝴蝶会模仿有毒蝴蝶特有的花纹和颜色，以此来迷惑那些已经知道毒素难食的捕食者，造成它们的错觉而起到逃生的作用。当然，各种不同花纹的蝴蝶，还可以使同种的雌雄个体互相识别，不致找错对象。

☞ 关键词：蝴蝶　保护色　警戒色
　　　　　拟态

## 怎样区别蝴蝶与飞蛾

蝴蝶和飞蛾，是一对亲缘关系密切的"表姐妹"，它们的外表看上去很相似，但如果仔细观察，就能发现其中的差别。

在区分这两类不同昆虫时，首先看它们的触角，蝴蝶的触角都是棒锤状的，即触角上端部明显增粗或膨大，而飞蛾的触角通常呈丝状、栉状或羽状，但不会是棒锤状的。其次看它们的腹部，蝴蝶的腹部一般都比较细长、苗条，而飞蛾的腹部则比较粗壮肥大。第三看它们静止时翅膀的姿势，蝴蝶通

蝴蝶　　　　　　　　飞蛾

常是两翅垂直竖立于背上,而飞蛾的两翅则是水平盖于背上,这是由于蝴蝶与飞蛾前后连结器的构造不同所致。第四从行为上看,蝴蝶一般都是白天活动的,而大多数飞蛾都是晚上活动的,有较强的趋光性,常常出现"扑灯"或"扑火"的现象。

关键词:蝴蝶　飞蛾

# 被刺毛虫螫过的皮肤
# 为什么又痛又痒

当你在树林子里走路,或在公园里玩的时候,有时,突然被刺毛虫螫了一下,你就会感到被螫的地方又痛又痒,很不好受。有的人对它特别敏感,手被螫后,整个手臂都会肿起来。

被刺毛虫螫过的皮肤为什么又痛又痒呢?

原来,刺毛虫身上有很多毒毛。如果把毒毛放在显微镜下

107

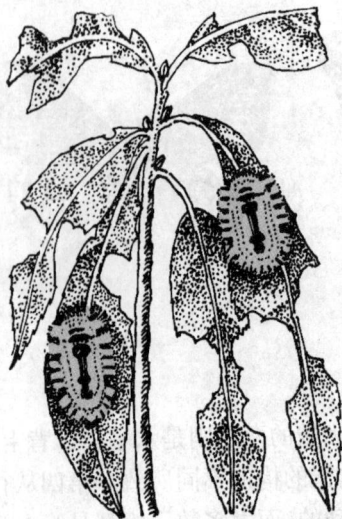

观察，可以看到有的毒毛像针一样尖锐，有的具有箭头状的齿，而且像注射针头一样是空心的。它的基部和毒腺相连结，毒腺分泌的毒液充满了毒毛。当人的皮肤与刺毛虫接触时，虫体表面的毒毛就螫入人的皮肤内，尖端折断，毒液立即流入皮肉，使人感到又痛又痒。有人做过这样的试验：把毒毛或者浸泡过毒毛的液体，涂在人的皮肤上，会引起皮肤发炎甚至坏死等症状。

昆虫的毒液一般是酸性的，因此，被毒毛螫后，用氨水、清凉油或肥皂涂擦伤口，可以减轻一些痛痒。

☞关键词：刺毛虫　螫　毒毛

# 蚕为什么最爱吃桑叶

大约距今 1800 万年以前，地球上就已经有桑树一类的植物了。桑树原来生长在湿热地带，是常绿植物，到了温带后，才慢慢变成落叶植物。桑树是高大的乔木，叶子长得又大又茂盛，地球上有许多昆虫寄生在桑树上生活，有的吃树根，有的吃树枝，有的吃树芽，有的吃叶片，蚕就是吃叶片的一种昆虫。

蚕生来一定吃桑叶吗？不一定，到现在为止，已经知道蚕能吃的食物很多，除桑叶外，还有柘叶、榆叶、无花果叶、蒿柳叶、蒲公英叶、莴苣叶、生菜叶、雅葱叶、婆罗门参叶等。但是蚕最爱吃桑叶，这是因为蚕以桑叶为食物过日子的时间最多，由于子子孙孙一代又一代地繁殖在桑树上，逐渐地形成了最习惯于吃桑叶的特性，而且变成遗传性了。

有一位化学家曾经分析过桑叶中的气味。他把桑叶经过132～157℃的高温干馏后，在试管中得到了一种油状物。这种物质有挥发性，发出很像薄荷一类的气味，把它滴在纸上，在30厘米外的蚕也能嗅到。蚕嗅到这种气味以后，就会很快爬过来，可见这是蚕最熟悉的信号气息。

蚕是靠它的嗅觉和味觉器官来辨认桑叶气味的，如果破坏了这些嗅觉和味觉器官，它就无法辨别桑叶的气味，于是，

它就不再挑挑剔剔，而能随便吃些其他植物的叶子了。

从近年来蚕的人工饲料研究的进展中，人们已基本查明了蚕成长所必需的营养物质种类及其最低需要量。这样，只要找到含有这几种营养物质的替代食物，蚕吃了以后，照样能健康地生长、发育和繁殖。

关键词：蚕　桑树

# 箱子里的衣服为什么会生虫

春深夏至，气温一天天升高，衣服就要换季，毛衣和呢绒要入箱"休息"了，直到秋末冬初，才重新发挥它们的作用。

箱子里的衣服，如果收藏不好就会被虫子咬坏，这些被咬的衣服总是毛织品、呢绒或者皮衣，而棉织品很少被咬坏。这是因为有一类叫衣蛾的昆虫，它的幼虫有一种特殊的消化能力，能消化皮毛里的蛋白质（通常叫"角蛋白"），但不能消化植物纤维，所以受损害的衣服总是动物性纤维或皮毛，而不是棉织品。

这些虫子是哪里来的呢？有一些是衣服没有收进箱子以前，蛾子已经在衣服上产了卵，还有一些是因为箱子盖得不严密钻进去的。

箱子里放樟脑精，可以不生虫，其实这话只对了一半。樟脑精能挥发出特殊的气味，虫子闻到气味就躲避开了，但它不能杀死虫子。如果你在放衣服时，只要衣服本来不带虫，箱子里放了樟脑精就可以不生虫；如果衣服带虫子或虫卵收进去，那还是会受害的。所以皮、毛类衣服要尽量少在外面挂着。

这样说来，为了防止被衣蛾产上虫卵，是不是夏天别把毛衣拿出来晒呢？不是的。晒衣服的好处很多。首先，在太阳下晒衣服可以防潮，衣服不会发霉。同时，衣蛾类的昆虫不能吃很干燥的东西。还有，夏天太阳下很热，即使衣服中已经有虫子也经不住强烈阳光的暴晒，自然而然会逃走。可是，有时候虫子会躲到衣服的反面晒不到太阳的地方，所以晒衣服最好翻来覆去地晒。经太阳暴晒过的衣服，收到盖得严密的箱子里，再放进樟脑精，就可以不生虫了。

关键词：衣蛾　樟脑精

# 为什么说食肉军蚁
# 是最可怕的动物之一

小小的蚂蚁，在动物王国中应该属于弱者，但是，蚂蚁家族中的食肉军蚁，却比狮子、老虎等猛兽更可怕，为什么它具有如此大的威力呢？

食肉军蚁可怕之处在于它们好斗善战。在遇到其他蚁群时，它们常常成群出击，将对方的蚂蚁分割开来，然后集中优势兵力，把一个个单枪匹马的蚂蚁团团围住，群起而攻之。通常，它们先用锋利的颚咬断对手的触角和足，使其失去触觉和逃跑能力，然后再把它们的头咬下来。

更为可怕的是，食肉军蚁常常几十万或几百万只组成一支浩浩荡荡的大军，这是一支没有敌手的"部队"，大军在行进途中，横扫一切。所到之处，庄稼没有了，甚至荒草、树皮也没有了，几乎所有遇到的大小动物都无一幸免。这种蚂蚁有巨大的颚，活像一把锋利的剪刀，吃老鼠这样的小动物自不在话下，就是昏睡不醒的大蟒蛇和拴着的羊，在几个小时内，也会被军蚁群吃得一干二净，只剩下一堆骨架。所以，人们便称这种食肉军蚁为"棕褐色的小魔鬼"。

☞ 关键词：食肉军蚁　颚

# 为什么蚂蚁不会迷路

　　蚂蚁过的是群体生活，它们都有自己的"家"。在晴暖的天气里，它们常要外出寻找可吃的东西，有时得走很远的路。从很远的地方再回到自己的"家"，可不是一件简单的事，但小小的蚂蚁却有一套杰出的认路本领，不容易迷路。

　　科学家在研究蚂蚁时发现，它的视觉非常灵敏，不但陆地上的景致被用来认路，而且连天空中的景致也能被它们用来认路。有人做过这样的试验：趁着一队蚂蚁正在回巢的途中，用一个筒状的围屏把它们圈住，使它们不能看到周围的景致，

只能看见天空,结果蚂蚁队伍还是按照准确路线行进。后来,试验者又用一块水平的横板,挡在回巢蚂蚁的上方,而且放得很低,使它们不能看见天空和周围的景致,这时,它们开始胡乱地爬行了。由此看来,太阳的位置和蓝天上反射下来的日光,对于蚂蚁来说,都是可以用来辨认回巢方向的。

除了依靠眼睛外,蚂蚁还能根据气味来认路。试验证明,有些蚂蚁在它们爬过的地面上留下一种气味,在归途中只要沿着这种气味,就不会误入歧途。在这种蚂蚁爬过的道路上,假若用手指横划一条线,破坏连续的气味,那么就会使它们发生短时间的迷乱。也有的蚂蚁,虽然不会在爬过的路面上留下什么特殊的气味,但是它们对于往返道路上的天然气味是很熟悉的,所以也不会迷路。

由于蚂蚁具有上述认路的本领,即使浓云密布,蓝天被遮挡的时候,或者地面上的气味被大动物踩踏破坏的时候,只要还保留一些可以利用的线索,它们仍旧会找回蚁巢,只不过多走些弯路而已。

☞ 关键词: 蚂蚁  气味


# 鱼为什么能浮沉

鱼在水里能游动自如,上浮下沉。除了它那具有两侧扁平、前后呈流线型的特殊体形,适宜在水中作穿行运动外,在体内还有一只充满气体的囊状鳔,更是鱼在水中升浮沉潜的主要调节器官。鳔内的气体,除了在头部浮出水面时通过 根很短的气道直接吸纳外，在水里也可以靠鳃瓣中丰富的红细胞来摄取溶解于水中的气体。

我们都有这样的经验：当一只金属球内充满气体时，就能漂浮于水面，随波而流；一旦气体排空，就难免会像秤砣一样，直沉水底。

鱼就是主要依靠鳔内充气多少的程度，来控制和调整水中位置的。但是，它尾部强有力的运动，以及从嘴里吞进水后由两侧鳃盖的隙缝喷射出去时所产生的反作用力，也是它在水内能够迅速浮沉的重要力量。

鱼在不同深度的水里，还能通过鳔内气体容量变化，来使身体的比重近似于周围水域内的密度，以便保持住它在水中稳定不动的姿态。还有，鱼身上的鳍，在这方面也起了重要的作用，例如背鳍和臀鳍，对于防止向两面侧倒和摇晃是必不可少的。有人做过试验，把除去背鳍和臀鳍的鱼重新投入水内，鱼就再也不能维持安详泰然的稳定姿势了。腹部前方那一对胸鳍，为了抵消

做呼吸运动时不断喷出的水流带来的反作用力，也常要划动一阵，使其能保持住在水中稳定的状态。

关键词：　鳔　鳃瓣　鳍

# 有些深海鱼类为什么会发光

有些海鱼，特别是生活在光线较弱的深海中的鱼类，常常会发出灿烂的光芒。譬如有一种鮟鱇鱼，它的头部有一根"钓竿"，"钓竿"前端不时发出星星点点的闪光，引诱着小鱼。

鱼怎么会发光呢？科学家发现，在这些鱼类的体内，分布着发光器。简单的发光器，只是一个管状腺，开口在皮肤的表面。有些发光器，则在腺细胞外包围着反光细胞和色素细胞层。还有构造较复杂的，在发光器的上面具有盖膜。大多数鱼类的发光器，分布在身体的两侧，埋在皮肤里。可是有些种类却分布在头部或其他地方，如鮟鱇鱼"钓竿"上的发光器。

发光器又是怎样发出光来的呢？

发光器的腺细胞，能分泌一种含磷质的粘液，在氧化酶的作用下，磷氧化而放光。另外还有许多鱼类，在发光器里生活着发光细菌，由于细菌的作用而发光。当鱼类受到机械的或化学的刺激时，发光器基部的肌肉，在神经的支配下开始收缩，把分泌物或发光细菌挤出来，因氧化作用而发出一道道光芒。这种光有时是比较稳定的，能持续一段较长的时间，有时则不过几秒钟，犹如夜空的流星一闪即逝。还有些鱼类所发的冷光，时明时暗，忽隐忽现，闪烁不定，这是因为色素细胞和盖膜在起作用。色素细胞里的色素,时而扩散,时而集中,透过这些细胞的光就有明暗的变化。此外发光器还能转动,如果盖膜暂时遮住了光源,光就隐没了,以后又显现,因此形成闪闪烁烁的现象,分外美丽。

深海鱼类为什么要发光呢?原来,在黑暗的环境里,发光使鱼类易于辨认同类,又有利于诱捕食饵动物和防御敌害。这样,在鱼类长期的生存斗争中,这种变异逐渐积累,并在后代中得到巩固和发展,就成为与环境相适应的本能了。

☞ 关键词:深海鱼类　发光器
　　　　色素细胞　盖膜

# 鱼是怎样睡觉的

平时我们见到的各种活鱼,几乎都在悠闲地游动。即使有个别鱼静止在一个地方,也可以看到它的鳍和鳃在有规则地

活动着。难怪有些人不相信鱼会睡眠。

其实,鱼同所有脊椎动物一样,为了消除中枢神经系统和肢体的疲劳,都要睡眠。不过鱼的睡眠姿态与众不同,即使入睡了,你也不觉得它在睡眠罢了。那么,鱼是怎样睡觉的呢?

这还得从鱼眼的结构说起。

全世界鱼类约有20000种,我国就有2500种,不管是海水鱼还是淡水鱼,其中除了像真鲨之类的一些软骨鱼类有相当于眼睑的瞬褶,能将眼的一部分或全部遮盖之外,其他像鲤鱼、鲫鱼、带鱼和鲳鱼等等硬骨鱼类,都没有眼睑。鲥鱼、鳓鱼和鲻鱼等虽有脂眼睑,但透明而且不能活动,与一般所说的眼睑,无论在构造上还是功能上都不同。陆生脊椎动物睡眠时,要把眼睑拉下或合上,闭着眼睡。鱼类绝大多数没有眼睑,因此,很难判断它们到底是醒着还是已经入睡。

鱼睡眠时,都会停止游动,静止在一个地方,但停止游动的时间长短,各种鱼不一样。然而,只要鱼真的处于睡眠状态中,就可伸手将鱼抓住,就像抓住正入睡的那些陆生脊椎动物一样。鱼类睡眠时所在的水层也不同,有的在底层,有的在中层,像鹦嘴鱼等也有横卧在水底睡着的。花鲢和白鲢在夏季的午后,喜欢在水草下面午睡。天黑以后,水族箱中的鱼经常处于休息状态,除非部分饥饿的鱼还醒着。鲻鱼的幼鱼白天喜欢集群,在上层游泳,但一到晚上就分散开去,各自栖息于水底,假使受到骚扰,就马上重新集合,群游于上层。

鱼类睡觉好比人类打一个盹,时间不长,而且很警觉,这不仅是鱼类,也是其他低等脊椎动物睡觉共有的特性。

关键词:睡觉　眼睑

117

# 为什么看鱼鳞能知道鱼的年龄

鱼有大小,要想知道鱼的年龄,一般只要从鱼身上剥一鳞片,仔细观察,就可一目了然。

为什么看鱼鳞就能知道鱼的年龄呢? 从鱼的生长规律中我们可以知道,大多数的鱼在生命开始的第一年,全身就长满了鳞片。鳞片是由许多大小不同的薄片构成,好像一个截去了尖顶的不太规则的矮圆锥一样,中间厚,边上薄,最上面一层最小,但是最老;最下面一层最大,但是最年轻。鳞片生长时,在它表面上就有新的薄片生成,随着鱼的年龄的增长,薄片数目也不断增加。

一年四季中,鱼的生长速度不同。通常,春夏生长快,秋季生长慢,冬天则停止生长,第二年春天又重新恢复生长。鳞片也是这样,春夏生成的部分较宽阔,秋季生成的部分较狭窄,冬天则停止生长。宽窄不同的薄片有次序地叠在一起,围绕着中心一个接一个,形成许多环带,叫做"生长年带"。生长年带的数目,正好和鱼所经历的年数相符合。

春夏生成的宽阔薄片排列稀疏,秋季生成的狭窄薄片排列紧密,两者之间有个明显界线,是第一年生长带和第二年生长带的分界线,叫做"年轮"。年轮多的鱼,年龄大,年轮少的鱼,年龄就小。

所以,看鱼鳞,根据年轮的多少,就能够推算出鱼的准确年龄来。

利用鱼的鳞片测定鱼的年龄是被普遍采用的方法,但不是唯一的方法。因为有的鱼没有鳞片,有的鱼只从鳞片上观察也靠不住。因此,鱼类研究工作者利用鱼的脊椎骨、鳃盖骨、耳石等等作为观察的材料。观察的方法和观察鱼鳞差不多,都是利用鱼类由于不同生长时期而形成的"年轮"来确定年龄大小的。

知道鱼的年龄有很大好处,可以帮助我们测定鱼群的年龄组成,做到捕大留小,适时捕捞,以达到保护和合理利用水产资源的目的。

关键词： 鱼鳞　年龄　生长年带　年轮

# 为什么鱼儿喜欢成群游动

在许多反映海底世界的纪录片中,经常能见到这样的画面:同一种类的鱼,喜欢成千上万条聚集在一起,一会儿游到东,一会儿游到西,犹如一支快速运动的庞大军队,场面十分壮观。

也许有人会问,一些陆地的群居动物,许多个体生活在一起,其中有一名是群体之王,在它的调度指挥下,大家互相帮助,以便更有效地捕食或御敌。可鱼类中并没有鱼王,它们为什么要放弃自由自在的生活,随大流集体行动呢?

科学家在海洋中研究鱼群时发现,游动的鱼群几乎都有这样一个规律,那就是它们的个头大小差不多,而且整个鱼群的前排和后排,交错排列得很整齐。这样的排列有什么好处呢?

原来,由于前排鱼向前游动时,会带动身后的水流向前流

动。这样，后排的鱼正好置身在这股水流之中，身体随着水流而向前，它们只要消耗极少的能量，就可以与前排的鱼保持相同的游速。

同样的道理，第三排、第四排……的鱼，都可以借助前排的鱼儿产生的水流前冲之力，轻轻松松地向前游。科学家估计，整个鱼群中大约有一半的鱼是在同伙的帮助下，采用这种省力方法游动的。

有趣的是，在鱼群游动的过程中，每隔一定的时间，前排和后排的鱼儿还会自动调换位置，使大家都有省力游动的机会。

许多需要长距离洄游的鱼儿，如带鱼、黄鱼等，都是成群结队地一起行动，它们正是利用这种节约能量的巧妙方法，游完一个又一个漫长的旅程。

☞ 关键词：**鱼群　水流**

# 为什么水中的鱼
# 能捕食陆地上的昆虫

在东南亚和澳大利亚的小河中，经常能见到一种色彩鲜艳的小鱼，特别喜欢在水草丛中游来游去，这就是被称为动物界的"神枪手"——射水鱼。

射水鱼生活的溪流小河边，经常有各种各样的昆虫在水面上飞掠而过，例如成群的苍蝇和蚊子，或者单独飞翔的蜻蜓等。

有时候，这些昆虫会飞到冒出水面的水草茎叶上休息片刻，但此刻正是它们最危险的时候。因为，这儿的水域中有不少射水鱼，它们一旦发现水面上的目标，就会快速游近，撮尖了嘴，向昆虫喷射出一股"水弹"，几乎百发百中。

射水鱼的射击本领极为高明，在 1 米左右的距离内，射出的水弹都能击中目标。昆虫被击中之后，仿佛人突然被大榔头敲了一下，措手不及跌落到水中，这时，正好被等候在水面的射水鱼一口吞下。

射水鱼为什么有这种奇妙的本领呢？原来，在射水鱼的口腔内有个沟状的构造，当舌头紧贴在一起，形成一个射管。当舌头猛力向上推动时，射管前端的水就变成水弹，飞快地射了出去。

由于射水鱼具备这种有趣的习性，因此成为养鱼者喜欢的对象。被用来饲养观赏的射水鱼，虽然生活在玻璃鱼缸中，但依然本性难改。有时候，当人把脑袋探到鱼缸口想看个仔细时，射水鱼也会毫不客气地对准脑袋的某一部位射出水弹,把人弄得满脸是水。

关键词: 射水鱼

# 鱼身上的粘液有什么用处

大部分的鱼,身上都包裹着坚硬的鳞片,但也有少数鱼,如黄鳝、鲶鱼、泥鳅等,全身都布满粘乎乎的液体。这是因为,它们身上的鳞片已经退化,直接暴露在外的皮肤中,有不少特殊的粘液腺,能分泌出大量的粘液,形成一个粘液层。

我们知道,鱼鳞对鱼有保护作用,粘液也有相似的功能。它虽然不能阻挡硬物的撞击,但可防止霉菌的侵袭,阻挡水中有害物质从皮肤进入体内。

其实,粘液的作用远远不止这一些。有了它的存在,鱼儿的皮肤就可以不透水,这对维持鱼体内渗透压的恒定有好处。尤其是一些江河洄游的鱼类,身上有了粘液,就能帮助它们适应水中盐度的变化。

当你用手去捉黄鳝时,虽然感到已经紧紧捏住,可黄鳝还是从你的指缝中滑溜走了,这也要归功于它身上的粘液。可以这样说,滑溜溜的粘液,还是这些鱼的逃生法宝之一。

由于粘液很滑,不仅能使人难以捉住,而且还能减少鱼儿与水的摩擦力,帮助鱼儿游得更快更省力。由此看来,粘液与鱼鳞相比,可能会对鱼儿的生存带来更多的益处。

关键词: 粘液

# 为什么鱼体的两侧
## 一般都长有侧线

如果观察一下鱼,就会发觉,几乎绝大部分的鱼体两侧,都有一条线状的花纹,从头部一直通向尾的末端,这就是鱼类的侧线。鱼类的侧线多数为 1 对,但少数的为 2 对或 3 对,极少数的甚至还能达到 5 对,如六线鱼就有 5 对侧线。侧线是鱼类适应水中生活的重要感觉器官,大多数鱼类如果没有侧线就难以在水中生存。

茫茫无际的大海,在波涛汹涌的海面下,有无数的暗礁和险滩,给船只航行带来很大麻烦。但是,鱼从来不会像船那样触礁,那就是靠侧线的作用。当海洋的波涛拍击着礁石险滩,引起水流和振动频率的改变,鱼的侧线就能及时地觉察这些变化,准确改变自己游动的方向,安全绕过暗礁和险滩。

鱼身上的侧线,还能感受内耳不能感受到的低频振动,这对寻找饵料也具有重要作用。鱼生活在水中，依靠浮游生物、小鱼、小虾为饵料。小鱼、小虾在水中轻微地游动，或者风吹动引起的浮游生物波动，鱼类都能通过侧线感觉到，并且准确无误地找到这些饵料。科学家曾经做过这样的试验：把狗鱼的眼睛弄瞎后，它照样能捕捉食物；如果把它的侧线切断，就再也不能捕捉食物了。

鱼在成群洄游时，还能通过侧线及时了解同伴的动向，起到保持通讯联络的作用。渔民在围网捕捞鲐、鲹等鱼类时，如果网的一角没有围好，或网有一处被冲破，那么成群结队的鱼就会从缺口中逃走。

侧线还可以弥补鱼的视线不足。鱼和其他脊椎动物一样，一般都长有眼睛，但是，光线强弱对鱼的眼睛结构有很大影响。一些长期生活在大海深处的鱼，因光线暗淡，眼睛失去作用；另外有些生活在洞穴里、井里和地下水里的鱼，因终年不见阳光，眼睛变得非常小，甚至完全没有，如美国的盲鳟鱼、古巴盲鱼。而这些鱼类的侧线就特别发达，它在警戒敌害侵袭和摄取饵料时，发挥了很大作用。

侧线所以有这样的功能，是与侧线有一完整的神经组织有关。这组织的构造是这样的：在鱼体外表的侧线是些小孔，这些小孔接通皮下侧线管，管壁上分布有许多感觉结节，靠感觉细胞上的神经末梢，通过侧线神经而直达脑部，形成了一个统一的神经网，使鱼脑能及时地感觉到水的波动，并作出迅速的反应。

☞关键词：侧线

# 为什么大多数鱼的
# 背部黑,腹部白

　　如果要描述一下鱼类的特征,很多人会毫不犹豫地说,鱼生活在水中,善于游泳,身上有鳞片、背鳍、腹鳍……

　　但是,鱼类还有一个重要的特征,常常被人忽略,那就是它体表的颜色。

　　只要你注意观察就会发现,除了一些美丽的热带鱼类外,大多数鱼背部的颜色要比腹部深得多。生活在江河湖泊中的淡水鱼,如鲫鱼、鲤鱼、青鱼等,背部都呈灰黑色;生活在海洋中的鱼类,如马鲛鱼、鲨鱼、金枪鱼等,都有青黑色的背部。而且,不管是淡水鱼还是海水鱼,腹部几乎都是白色或很淡的颜色。

　　为什么鱼类背部和腹部的颜色有这么大差别呢? 这种差别对鱼类的生存有什么意义呢? 原来,生活在水中的鱼类,游动时通常都是背朝上,腹向下。由于天空中的阳光照射,从水中往上看,水面是白亮亮的一片,正因为如此,白色的鱼腹与水面的天空光线相似,就不容易被深水中的大鱼发现。同样的道理,从上往下看,水的颜色很深,与鱼背颜色差不多,这样,天空中的捕鱼鸟类就不容易看见接近水面游动的鱼。

　　总之,大多数鱼类背部深色、腹部浅色的色彩变化,是适应水里生活的结果,有助于保护自身不被敌害发现。

　　关键词: **鱼背　　鱼腹**

# 为什么一些鱼类的特征
# 会出现在人体胚胎中

人是动物界长期发展的产物。从广义上讲,在35亿～38亿年前原始生命出现时,已经孕育着人类的诞生。但狭义地说,人属于脊椎动物,而最低等的脊椎动物是鱼类,因此不仅有"从鱼到人"的说法,还有不少科学家认为,鱼类是人类最早的祖先。

众所周知,人是由猿人进化而来的,而猿人是由古猿进化而来的,古猿属于哺乳动物,哺乳动物是由鱼类、两栖动物到爬行动物逐一进化而来的,这正是人类在孕育中走过的道路。在从鱼到人的演化过程中,经历了颌的出现,四肢的出现,羊膜卵的出现,以及体温恒定、胎生等的质变。正是通过这几次质的飞跃,才终于产生了人类。

从鱼到人这一历史的进程,不仅保留在地层中的化石里,也在人的胚胎发育的各个阶段上打下了印记。人的受精卵大约发育到一个月以后,四肢十分像鱼类的鳍,颈部两侧出现的"鳃沟",非常像鱼类和两栖动物幼年出现的鳃裂。人的胚胎早期有尾巴,特别在第二个月时,尾巴最发达,到了第三个月,尾巴才开始退化。所有这一切,再加上各种各样的脊椎动物化石,充分地证明了鱼和人类有十分密切的进化关系。

关键词:**人体胚胎  鱼类  鳃沟**

# 鲤鱼为什么会跳水

鲤鱼和其他许多种鱼都喜欢跳水。有不少地方的渔民，利用鱼爱跳水的习性来进行捕鱼。

不同的鱼，跳水本领也不同。有的鱼跳得很高，如古巴沿海有一种"跳鱼"，能跳离水面 4～5 米，可以说是鱼类中的"跳高冠军"。其他能跳出水面 1～2 米的也不少，现在普遍饲养的鲤鱼，就是很喜欢跳跃的一种，有时也能跳出水面 1 米以上。

鱼为什么会跳水呢？根据科学家们的分析，一般认为有几种原因。有的是由于周围环境的变化而引起的，如躲避敌害的突然袭击，越过前进途中的障碍，或者迅速捕捉食物，或者受到突然的恐吓等。有一种叫做"跳白"的捕鱼方法，就是在小船底下涂上白的颜色，在船上点灯，灯光照在水面上，白色的船底又像镜子一样能反射光线，把灯光反射到水底，使水下的鱼受惊而跳进船中。

另一种原因是生理上的变化，如许多鱼到了快要生殖的时候，身体里面就产生一些能刺激神经的东西，使鱼处在兴奋状态中，因而特别爱跳跃。

此外，有的鱼由于本身的习性比较活泼，喜欢跳跃。例如，鲤鱼在黄昏的时候喜欢跳跃，有人认为这是一种"游戏"的动作。

至于鱼从水中被捞上来以后，就乱蹦乱跳，是因为鱼本来在水中游动，全身的肌肉总是一伸一缩，摇头摆尾，才能前进；当它们刚离开水的时候，仍然像在水里一样，做着同样的动作,但因没有水的阻力,所以摇头摆尾的动作就特别快。当这种动作碰到比较坚实的东西——如船板、地面或鱼与鱼互相碰撞的时候,就出现乱蹦乱跳的现象。

关键词: **鲤鱼**

# 为什么金鱼的体形
# 会那么奇异美妙

金鱼是大家熟悉的观赏鱼。不仅它的色彩多样,有黄、有白、有蓝、有黑、有花,而且体形、鳞片、鳍条、眼睛、头额各部都有明显不同,真是五彩缤纷,光怪陆离。金鱼游动起来悠闲轻松,又能适应缸、盆等小容器中的生活,饲养方便,也就更加惹人喜爱。

其实金鱼的祖宗就是普通常见的鲫鱼,只要看金鱼的鱼苗,就可发现与鲫鱼的鱼苗几乎很难区别,所以金鱼也叫做金鲫鱼。金鱼所以这样艳丽多变,这是与人类长时期的精心选种培育分不开的。据文献记载,1000多年前就发现了金黄色的鲫鱼,当时因为还不能科学解释,被唯心主义者奉之为"神",把它放养在浙江嘉兴月波楼。这大概是我国最早饲养金鱼的地方。北宋时,传到杭州,至南宋时,饲养金鱼已非常广泛,进入金鱼的家化时期;到了清朝则已开始有意识地选种培育,以至培育出今天的几百种奇形怪状的金鱼品种。

为什么普通的鲫鱼会变成美丽的金鱼呢? 这与鱼体表面不同色素体的变化有关。普通鲫鱼的鳞片是银灰色的, 鳞片

中含有黑色素体、橘红色素体和一种微蓝色的反光质，因受外界的刺激，黑色素体逐渐消失，而橘红色素慢慢增加，鳞片就呈橘红色。因此，刺激的不同，促使鳞片和皮肤中的某种色素体稀疏或稠密，或几种色素体互相掺杂，形成新的色彩。如黑色素体加上反光质，会出现蓝色，黑色素体与黄色素体配合会呈现绿色。另外，水质或食物中含有的某些金属元素，还能与金鱼皮肤蛋白质中的氨基酸结合成不同的色素。例如，白色的皮肤中就含有镍，黑色皮肤中含有铜、铁、钴，而红色皮肤中能找到钼。

至于体形的变化，是因为从江河迁入缸杯内饲养，活动区域变小了，而且用不着自己去寻找食物，又不必担心敌害的袭击，也不进行快速游泳，这样，细长侧扁的身体慢慢就变得粗短。有的由于长期饲养在光线暗弱的地方，看东西必然要用力，天长日久，两眼逐渐凸出。在饲养中就专选与众不同的鱼精心培育，并互相杂交，下一代就会出现更多稀奇古怪的品种，一代又一代，杂交再杂交，相传下来，金鱼的品种就五花八门、名目繁多了。现在一般按照金鱼的外形特征，可以分成 4 大类，即金鲫种、文种、龙种、蛋种，而每种细分，又可列出几十种。

☞ 关键词：**金鱼　鲫鱼**

# 为什么有些鱼要洄游

洄游是鱼类每年按季节形成的定期、定向的集体迁移现象。为什么这些鱼不在固定水域生活，而要历经千辛万苦，不惜游千百里的遥远路程，进行洄游呢？

其实，鱼儿的洄游是有原因的，不同的鱼有不同的原因，因此人们就把洄游分为生殖洄游、越冬洄游和索饵洄游三大类。

生殖洄游是由于鱼类的生理需要，是遗传因素所决定的。它们到了生殖期间，必须要进入一定的环境中去产卵。例如肉味鲜美的大马哈鱼，出生地是在亚洲东北部的河流中，稍稍长大后就会出海远航,在大海洋里成长,但到了每年的八九月份,在海里生活了几年的大马哈鱼,又成群结队洄游到自己的"故乡"产卵,它们的一生中,要往返经历几千千米的遥远路程。可悲的是,产完卵的大马哈鱼不久就会死去,而它的下一代又能按照祖先的洄游路线再重复一次。

越冬洄游主要受气候季节的影响。当寒冷的冬季到来后,一些对水温变化比较敏感的鱼类,便由浅海游向深海,到较为温暖的水域中,度过寒冷的冬季,等第二年春季到来后,再返回浅海。

索饵洄游主要是为了食物而进行的,不少鱼类在一定时期,会一起游向食饵丰富的海域去觅食。例如我国的主要食用鱼——带鱼,每逢立冬前后,便一起向近岸游来,最后在舟山群岛附近"大会师",这样就形成了每年一度的东海冬季大鱼汛。

👉 关键词:洄游

# 黄鱼头里为什么有两块小石头

在鱼的耳腔里,长着一种石灰质的耳石。它的形状和大小,在各种鱼中很不一致。大多数的硬骨鱼,耳石呈小块状,而黄鱼的耳石特别大,通常有小指甲那样大,很显著,所以又被称为"石首鱼"。

原来,耳石这种精巧的器官,当外界声波传达到鱼体时,内耳中的淋巴就发生同样的振荡,这种振荡刺激耳石和感觉细胞,再由耳石经过神经传达到脑中去,产生听觉。

耳石除了管听觉以外,还有维持鱼体平衡的作用。内耳有感觉细胞,其中含有淋巴液。如果身体不平衡时,淋巴液和耳石立即压迫感觉细胞,接着就报告到大脑,采取平衡措施。

此外,我们还可以用耳石来推算鱼类的年龄。耳石体积随年龄增长而加大,夏季长得快,冬季长得慢,冬季和夏季的生长环可以区分出来,它的形式和鳞片上的年轮非常近似。

☞ 关键词:黄鱼 耳石 石首鱼 生长环

## 小黄鱼会长成大黄鱼吗

在中国著名的四大海产品中,黄鱼高居首位,它以肉质细嫩、鲜美而深受人们喜爱。鱼大,则肉多,所以人们买鱼时都喜欢挑大的。然而,在农贸市场上小黄鱼随处可觅,而大黄鱼却很稀少,因此许多人往往以能吃上一条大黄鱼而感到是一种莫大的口福。为此,有些人便叹惜道:如果再晚几个月捕捞,小黄鱼也许就长成大黄鱼了。

那么,小黄鱼会长成大黄鱼吗?

小黄鱼

不会的。在鱼的分类上，小黄鱼和大黄鱼虽然都是属于鲈形目石首鱼科黄鱼属，但并不是一个种。当它们成年时，大黄鱼一般体长 250～300 毫米，最大的可达 750 毫米，但小黄鱼却只有 150～200 毫米，最大的也不过 300 毫米。而且，它们在外表上也有一些显著差异：大黄鱼尾柄细长，长度约为体高的 3 倍多，而小黄鱼

大黄鱼

尾柄比大黄鱼宽和短，尾柄长是体高的 2 倍多；大黄鱼鳞片比小黄鱼小，但它的侧线与背鳍第一棘刺间的横行鳞比小黄鱼多，大黄鱼为 8～9 枚，小黄鱼仅 5～6 枚；此外，大黄鱼脊椎骨有 26～27 个，有的 25 个，而小黄鱼却多达 30 个。

另外，它们的生活区域也不一样。大黄鱼为暖水性鱼类，其分布范围从琼州海峡由东向北到达青岛，再往北的渤海湾里就没有大黄鱼了。而小黄鱼则是温水性鱼类，从渤海北端开始，向南到达福建为止，再向南就不会有小黄鱼的踪迹。因此，有经验的渔民都知道，在广东、海南等附近海洋里捕不到小黄鱼，在渤海中则捕不到大黄鱼。

大黄鱼和小黄鱼是两种不同的鱼类,小黄鱼即使长大了,也不会成为大黄鱼。

# 为什么鲫鱼喜欢吸附在海洋大动物身上

鲫鱼是一种十分有趣的海洋鱼类。它在水中周游四方,但常常自己不花力气,而是借助别人的力量,因此,鲫鱼就成了著名的"免费旅行家"。

天性懒惰的鲫鱼,体形并无出众之处,但是在它的头颈部,长着一个椭圆形的大吸盘,形状很像图章,鲫鱼的名称也就是这样得来的。由于它具备了这个特殊的吸盘,所以只要一见到鲸、鲨、海龟或一些大型鱼类从附近游过,就利用吸盘紧贴上去,用不着自己花半分力气,就能够轻轻松松地遨游四海。

鲫鱼吸盘的吸附力很大,因为在吸盘内长有一道肉褶,一贴上其他动物,肉褶内部的水就挤了出去,在海水压力的作用下产生吸力。

鲫鱼吸附在海洋大动物身上四处"旅游",对它能带来什么实际好处呢?原来,海洋大动物通常都有较为出色的捕猎本领,当它们捕到猎物大吃一顿之后,总免不了会遗落一些零碎残渣,而这些零碎残渣对小小的鲫鱼来说,足以能填饱肚子了。所以说,鲫鱼吸附在海洋大动物身上,不仅成了"免费旅行家",而且还是"免费食客"呢。

关键词: 鲫鱼  吸盘

# 为什么菜市场上没有
# 活的带鱼和黄鱼

我们在菜市场上看到的带鱼、黄鱼都是死的,从来没有看到过像鲤鱼、鲫鱼那样在水池里游来游去的活带鱼、活黄鱼。这到底是什么原因呢?

我们知道,带鱼和黄鱼,都是生活在海里的,而鲤鱼、鲫鱼是生活在淡水里的,海水和淡水最主要的区别是压力和盐度。

先谈谈压力。海水中的压力,要比淡水中大得多,而带鱼和黄鱼,生活在离海面 15～40 米左右的海水中,终日受着海水的巨大压力。在漫长的历史中,带鱼和黄鱼有着适应巨大海水压力的内外部构造,如骨骼薄,肌肉富有弹性。如果终年生活在海水里的鱼,突然被捕离开水后,外界空气的压力比海水的压力一下子降低许多,鳔内的空气因外界压力突然减少而膨胀起来,甚至会超过它所能容纳的体积而爆裂。此外,压力突然减少还能引起体内部分小血管破裂,胃翻出口外,以及眼睛凸出于眼眶外等等。这些都是使带鱼和黄鱼离开海水以后就会很快死亡的原因。

也许有人会问,菜市场上不是有养鱼的水槽吗,那为什么不养些活的带鱼和黄鱼呢?这是有困难的。因为海水鱼离开海水后容易立即死亡。如果精心地选留几尾活的鱼，马上把它们放到盛有海水的容器内，并保持海水不变质，而且容器有一定深度，保持适当水压，是能把鱼活着运到菜市场的，但这样做付出的代价太大了。

那么，用淡水来养行吗?不行。因为淡水的盐度比海水低得多。带鱼和黄鱼对水中的盐度是有一定适应范围的，由于海水鱼到淡水中，淡水的渗透压小于鱼体内的渗透压，外界的水将大量进入鱼体组织内，引起细胞充水，特别是血液组织受到破坏，循环失调，鱼类就会死亡。所以在菜市场上，不能像鲤鱼、鲫鱼那样，用淡水来养活带鱼和黄鱼供人们选购。

关键词：黄鱼　带鱼　压力　盐度

# 比目鱼的眼睛
## 为什么会长在同一边

人们都熟悉比目鱼的那副怪相：它不像普通鱼的眼睛对称地生长在头部左右两侧，而是生在身体的同一侧。加之这种鱼身体特别扁，两边也不对称，所以过去有人往往误认为这种鱼是两条鱼紧贴在一起游泳和生活的。据此，人们展开幻想的彩翼，咏以"凤鸟双栖鱼比目"之句，将它和传说中双宿双飞的幻想之鸟——凤凰相提并论。

其实，比目鱼与其他鱼一样，都是单独生活的。它的两只眼睛长到一边，是长期以来对环境逐渐适应的结果。当它从卵中孵化成小鱼时，和别的小鱼一样，两只眼睛端端正正对称地生在头部两侧。那时它非常活跃，时刻要浮到水面来玩耍。然而当它生活了 20 天左右，身体长到 1 厘米长时，由于身体各部分发育不平衡，游泳时也逐渐把身子侧了过来，于是开始侧卧在海底生活。在这同时，它下边一侧的那只眼睛，则因眼下那条软带不断增长，使得眼睛向上移动，经过背脊而到达上面，与上面原来的那只眼睛并列在一起。到适当位置后，移动的那只眼睛的眼眶骨也就生成，以后不再移动而固定下来。

由于比目鱼长期在海底生活，两只眼睛全在上边，对于它发现敌害和捕捉食物很有利。除了这对奇特的眼睛外，它的皮肤颜色也变得很特别，身体下侧长期面向海底，色素也就较淡，而上侧呈棕色，接近海底土质的颜色，或随着海底土质颜色不同而变成斑点，起到既可以躲过敌害视线，又可以方便地获取食

物的作用。

比目鱼有很多类型，主要是四大类。其中两类是有尾柄的，根据它的两只眼睛，如果全部长在身体的左边叫"鮃"，生在身体右边的叫"鲽"；另两类没有尾柄，尾鳍、背鳍连成一片，形似舌头，如果眼睛都长在鱼体左边的叫"舌鳎"，生在右边的叫"鳎"。

有经验的渔民，把比目鱼经常贴在海底生活的习性，来作为测定网具施放轻重的标志。如果网中比目鱼多了，说明网已经陷进海底泥沙中；如果网中比目鱼很少，甚至没有，说明网放轻了，离海底有一定距离。因此，渔民称比目鱼是天然的"网具轻重测算仪"。

关键词：比目鱼 鮃 鲽 舌鳎 鳎

# 海葵鱼为什么喜欢
# 和海葵在一起

在印度洋和西太平洋的热带水域中，生活着一类奇鱼。因为它们的外貌多少有点像戏剧里的丑角打扮，所以称为"丑鱼"。又因为它们喜欢和海葵呆在一起，人们也叫其"海葵鱼"。

海洋生物学家为了进一步了解这种奇特的鱼，多次潜入海底观察，他们发现海葵鱼对海葵的依赖关系比想象中的还要密切。可以这样说，海葵鱼几乎不离开海葵1米以外，一旦超出这个范围，它就像迷失了方向那样，在水中毫无目标地转来转去,而且失去了正常鱼儿所具有的防卫能力,以致很快会被捕食者吞食。看来,对于海葵鱼来说,少了海葵就会难以生存。

那么,海葵鱼的生存为什么离不开海葵呢?

因为在茫茫的海洋里,海葵鱼是一类弱小动物,当它们受到其他动物威胁时,便立即躲入海葵的触手之中,好像找到了保护伞,求得安全。海葵的周围有许多触手,触手上密布着有毒的刺细胞,如果有谁碰上它,毒液就会随着刺丝进入来犯者体内,使其中毒瘫痪,然后用触手慢慢地将它送入口中,成了腹中之物。由此可见,海葵鱼和海葵共生在一起,对海葵也有好处,可以多获得些食物。

有趣的是,海葵对海葵鱼绝不会放射毒液,因为它们身上

有一层迷惑海葵的粘液,使海葵误认为是它们的同类。

☞ 关键词:海葵鱼　海葵　触手　刺细胞

# 食人鱼能定居在
# 中国江南水域中吗

说起吃人的鱼,人们很容易想起凶猛嗜血的鲨鱼,或者是身躯庞大、性情残暴的虎鲸,它们都是海洋中的"猛兽"。然而,一种体长只有约 20 厘米的小鱼,却成了淡水河流中的"霸王"。

这种被称为"水中老虎"的红腹小鱼,有一副特别锋利的三角形牙齿。它生活在南美洲亚马孙河流域,以吃食人畜而出名,所以被称为食人鱼。曾经有一部纪录片摄下了这样一组真实而令人恐怖的镜头:牧童为了赶一大群牛过河,先让一头牛从另一个方向过河,以"调虎离山"之计引开河中的食人鱼,然后赶着牛群迅速过河。作为牺牲品的那头牛,不到半小时就被凶残的食人鱼噬咬得只剩一副血淋淋的骨架了……

然而,让人真正感到惊恐的是,食人鱼已经悄悄地来到中国江南地区,在一些水产市场和小型水族馆常常可以看到它们的踪影,中国人管它叫"红鲳"。它的外观还算漂亮,肉味也挺鲜美。但你如果知道了它的本来面目,恐怕不再会对这种怪鱼有任何胃口了。而且,只要想象一下,在广袤的江南水域中,如果到处游荡着这种水中"杀手",不仅渔业生产受损,而且还会时刻有这样的担心:在河流湖泊中游泳嬉水时,可能突然遭到食人鱼的袭击,甚至付出生命的代价。

食人鱼会不会在中国的江南水域中生存繁殖?会不会在那儿长久地定居?对于这个众人关心的问题,鱼类专家经过调查和分析后回答说,食人鱼所需要的繁殖和生存水温必须在20℃以上,它只适合在热带水域生活,温度太低时难以成活。所以,食人鱼在我国的江南地区,至今只能生活在恒温鱼缸里,很难在地处温带的中国"定居"。

食人鱼因其恶名而被许多国家禁止入境,那又怎么会来到中国呢?这可能是国内某些鱼商看中了它的观赏性和食用性,冒险引进。但结果是,此鱼在我国南方尚有可能存活,但在江南地区往往只能见到死的冷冻鱼,而这在商业上是很难有利可图的。因此,食人鱼看来不太可能在中国成为淡水河流湖泊中的霸王。

☞ 关键词: 食人鱼 红鲳

# 小海马为什么是父亲生的

在较为温暖的海底,尤其是浅海区域,显得分外光明灿烂。那里有胜过陆地森林草原的海底植物;有形形色色各种各样的动物嬉游其间;生长在海底的红、白珊瑚,像庭园里栽培着的花木;附生在岩礁间的红、绿海葵,如同庭园里种植的花草。这种碧水莹莹、色彩缤纷的海底景色,人们把它比作"水晶宫",真是十分恰当。

生活在"水晶宫"里的奇怪角色要算是海马了。这种体长只有 10~20 厘米的奇特鱼类，其头形似马头，故称它为"海马"。海马尾部很长，由多节组成，并能灵活曲伸，用尾弹跳。它的背鳍像一面锦扇，经常摇动着维持平衡，做直立游泳，动作优美活泼。

海马不仅相貌特殊，繁殖习性也很特别。当繁殖季节到来时，雄海马的体侧腹壁向体中央线方向发生皱褶，慢慢地合成宽大的"育儿袋"。雌海马就将卵产在雄海马的育儿袋里（雌海马无育儿袋），卵总数在百粒上下，就在育儿袋里进行胚胎发育。这期间，育儿袋里会产生浓密的血管网层，和胚胎血管网取得密切联系，以供应胚胎发育期需要的营养，等到幼海马发育完成，雄海马就开始"分娩"了。

海马的繁殖方法为什么这样特别呢？

因为浅海情况十分复杂而凶险，尤其是到了春夏两季，各种海生动物都要由深海或远洋洄游到浅

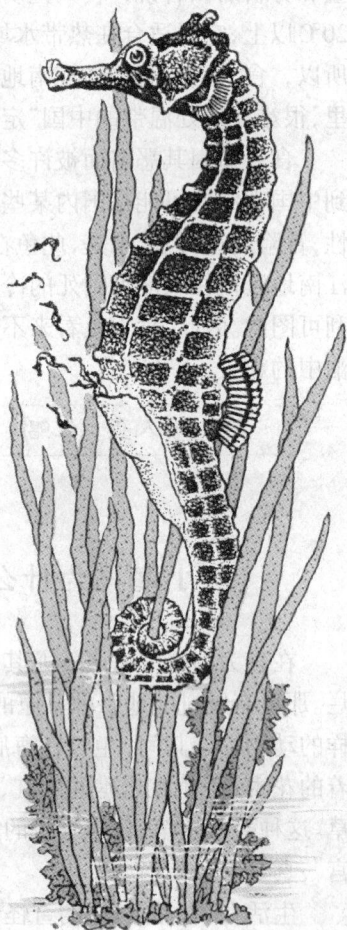

海里来,进行一年一度的交配和繁殖。一向寂静的浅海区,这时就分外热闹。同时,弱肉强食的"种间斗争"。也就特别火热起来了,不仅成年动物会大批遭到伤亡,就是幼小动物也很难逃脱,尤其是刚产下的大批动物卵子,简直成为一般动物互相争食的佳肴了。例如一次产卵竟达千万粒的鳕鱼,真正能变成幼鱼的卵可能还不到1%。因此,动物的保种斗争,也就一代比一代加强了。

海马既然是浅海的老住户,保卵适应当然比其他动物更要巧妙些。不仅雌海马将卵子产在雄海马的"育儿袋"里,而且它们由卵生演进到类似胎生的地步,这样,就容易保证全部的卵都发育成小海马。

👉 关键词:海马　育儿袋

# 为什么在没有阳光的深海
# 中也有动物生存

众所周知,动物是直接或间接依赖于阳光而生存的。可是不久前,地质学家在中太平洋海脊考察海下地貌时,发现加拉帕戈斯裂谷地壳板块的接缝处,冒出熔化了的岩浆,把原来2℃的海水加热到13℃,而且还释放出一种硫氢化合物。这是一种有毒的化学物质,散发出一股臭蛋的气味。同时,就在这些发臭的地方,发现了第一批不需要阳光的神秘动物。

在这个奇妙的深海世界里,四处漆黑一片,阳光根本不能照射进来,海面的生物残体也不可能沉到海底,为这些神秘者提供维持生命的养料，那么，它们是依靠什么生活的呢? 唯一可能的是:各种硫杆菌使硫氢化合物、二氧化碳和氧气产生代谢变化，形成了维持较多种类生物生存的低级食物链。因为这些硫杆菌是利用极高的地温来积藏硫氢化合物的化学能，而不是利用太阳的光能，所以这一过程称为化学合成，它与光合作用的性质截然不同。

后来，法国、美国、墨西哥的联合考察队在墨西哥沿海，又发现一个化学合成的生态系统。这样，沿着中太平洋海脊到墨西哥沿海，发现了化学合成生态系统的动物，有巨血蛤、盲蟹和细丝固着的蒲公英状动物，还有长达 3.7 米的管栖蠕虫。

这些新发现，扩大了科学探索的领域。经过进一步测定，人们发现不需要阳光的动物的数量很大，要比邻近的海底动物多 300 ~ 500 倍，比物质丰富的水面动物多 4 倍。

☞ 关键词: 深海　硫杆菌　化学合成

# 鱼会放屁吗

这个问题实在太奇怪了，几乎所有的人都会不假思索地回答说:"不会。"

但事实恰恰相反，从事鱼类研究的科学家告诉我们，他们曾多次观察到鱼类向水中释放气体的现象，不过遗憾的是，气体虽然从鱼的排泄孔 (相当于人类的肛门) 排泄而出，却无法在水中嗅闻这种气体是否带有臭味。

鱼释放气体，或者说鱼放屁，可能是它吞咽饵料时，吸进了太多的空气,如果不把体内多余的气体排掉,鱼在水中就会失去平衡感,无法随心所欲地游泳。

科学家还意外地发现,有些大型的鱼类,如凶猛的虎鲨,为了获得适宜的浮力,往往通过放屁来进行调节。当虎鲨在水中处于静止状态时,如果想获得更大的浮力而不至于身体下沉,常常会浮出水面吸一口空气,然后再以放屁的方式,一点点地排出气体,直到使自己停留在所需要的水中位置。

的确,鱼的体内能产生气体,并可以从排泄孔中释放出去,在水中出现一串串小气泡,但极少有人注意到这种现象。

鱼的"屁"除了变为气泡外,还会混杂在粪便之中。我们知道,鱼类在排泄前往往将排泄物变成黏性管状体,这其中就包含了消化食物所产生的气体。有时候,你会发现鱼排出的粪便会向上浮,这就是因为粪便中包含了消化食物所产生的"屁"。

☞关键词:屁 排泄孔

# 四眼鱼的眼睛特别在哪里

每个人都有这样的感受:当你在游泳池里时,将头部钻入水中张眼四望时,会感觉到所见的物体都是模糊不清的。我们用这一简单的逻辑推理,不难想象一条适宜水中生活的鱼儿观望水外的情景,同样也会看不清。可以这样认为,人和鱼的眼睛构造是不同的,鱼儿只能在水中视物,而人眼则适应于陆上看东西。

令人不可思议的是,在热带美洲的一些河流里,有一种奇怪的四眼鱼。它的名字虽然叫四眼鱼,但实际上只有两只眼睛,只不过具有鱼和人的双重视觉,简直比人类还高出一筹。它的每只眼睛都分成上下两个部分,各有自己的焦距,中间被一水平间隔分开。上部分的晶状体,同水上的背瞳孔联系,很像人的眼睛,靠着两次折射的补偿作用,能够眺望空中王国;下部分的晶状体,同水下的腹瞳孔紧密联系,成为一只典型的鱼眼,能细察水中世界。因此,这种鱼既能跃出水面捕食飞虫,又能潜入水中追逐小动物和逃避危险。它的粗大视神经束从眼睛通到中枢神经系统,在夜间月光下也能看见物体。

在巴西的亚马孙河口的马拉若岛附近,常常可以看到成群的四眼鱼,在浅水区巡逻觅食小型甲壳动物、昆虫和藻类。当它们在水表层时,忽沉忽浮,以此弄湿露出水面的那一部分眼球,有时跃出水面逐食飞虫,煞是好看。

根据科学家研究认为,四眼鱼虽然具有双重视觉,但主要依赖于能看得更远的空中视力。

☞ 关键词: 四眼鱼　双重视觉　眼睛

# 为什么雌黄鳝会变成雄黄鳝

我们在剖黄鳝时,往往会发现大的粗的黄鳝一般都没有卵,而小的细的却有卵,这是什么原因呢?

因为黄鳝的雌雄性别和其他多数鱼类不一样。多数鱼类身体内部或者有卵巢(雌),或者就有精巢(雄),从小到大,都

146

是这样,而且这种雌雄异体是永久性的。黄鳝就不同了,从卵孵出小黄鳝,所有的个体内都有卵巢,也就是说全部是雌的。但等这些小黄鳝发育成熟,产卵以后,卵巢内部开始慢慢起变化,原来生长卵细胞的组织转化为生长精子的精巢,原来这些雌黄鳝就变为排放精子的雄黄鳝了,这在科学上称为"性逆转"。这种性逆转情况,不是个体的变异,而是整个种族的发育规律,是该种鱼类的特性。由于上述原因,所以往往粗大的黄鳝,一般都是雄的。

可能有人会问:雌黄鳝都转变成雄的,那么它们的后代从哪里来呢?

原来,从卵孵出的幼鳝(雌)发育成熟后,进行一生中的第

一次产卵繁殖,产卵后即发生性变,在下一年成为雄性,并与下代的雌鳝进行交配生殖。就整个种族来说,每年都有一批雌鳝进行产卵,而且每年都有一批雌鳝繁殖出来,这样就能保持其种族的延续。

黄鳝这种性的变化在其他生物上十分罕见,虽然其他一些动物中也有个别发生性的变化,但那只是个体现象。

在鱼类中除了像黄鳝有这种性逆转外,还有某些鱼类存在着雌雄同体的现象,如海水中生长的鳕鱼、鲱鱼、鲽,它们往往有两种生殖腺,可能一边是雌的,另一边是雄的;或者是一边或两边雌雄生殖腺都有。这种雌雄同体的鱼,还能自体授精,自己产的卵与自己排的精相结合,发育成后代。又如鲭鱼中也有雌雄同体现象,在雄鱼精巢中,有时可以看到卵子的存在。

关键词: 黄鳝　性逆转

# 为什么说鱼类是两栖类的祖先

鱼类是以鳃呼吸,用鳍游泳,生活在水里的一种脊椎动物。青蛙是两栖类,它小时候叫蝌蚪,在水中用鳃呼吸,长大以后在陆上用肺呼吸,是一种水陆两栖动物。粗看起来,鱼类和两栖类是毫不相关的两类动物,但经过仔细研究和分析,发现在这两类动物之间,却有着亲缘关系。科学工作者在研究从地层下挖掘出来的各种动物化石的时候,发现古代一种总鳍鱼头骨的膜成骨和古代两栖动物头骨的膜成骨十分相似,两者的循环系统也有许多相似之处。特别是总鳍鱼的胸鳍和腹鳍,基部肉质非常厚,鳍内骨骼的排列和古代两栖动物的肢骨很接近,而且古总鳍鱼已经具有了内鼻孔,说明这种鱼已能利用肺进行呼吸。

那么,鱼类究竟是怎样进化到两栖类的呢?

大约在4亿年以前,也就是地质史上称为泥盆纪的时期,在自然界的淡水湖泊、沼泽地里生活着一种数量非常多的总鳍鱼。这种鱼身体呈纺锤形,体长有1米多,游泳非常迅速,是一种肉食性的鱼,过着自由自在的生活。后来,到泥盆纪末期,地球上出现了高大的木贼、石松和乔木形的蕨类陆生植物。再过了几千万年,到了石炭纪,由于当时陆地上

矛尾鱼

气候相当温暖潮湿,这些陆生植物得到很大发展,不仅种类大大增加,而且生长得十分茂盛,也有些沿着广阔的沼泽地和淡水河岸生长,大量植物的枯叶凋落到河中,再加上有些沿岸或水中生长的树木,根部也在水中腐烂,腐烂的结果使水中的氧气大大减少。当时生活在河水中的鱼类,由于水中氧气的不足,有些总鳍鱼类因不能适应而死亡,但也有些总鳍鱼,却利用胸鳍和腹鳍,把身体支撑起来,或攀附在水中的腐叶上,或爬至河边树根上来吸取空气中的氧气。由于水质的进一步败坏,总鳍鱼更进一步增加对大气呼吸的依赖,有的甚至爬上河岸,呼吸空气,借以生存。另一方面,因气候季节性的变化,遇到旱季时,有些生活在浅水中的总鳍鱼,利用胸鳍和腹鳍支撑身体,从一个干涸的河床爬到另一个有水的河中。总鳍鱼的胸鳍和腹鳍因长期支撑身体,基部肌肉变得相当发达,鳍内骨骼也逐渐起了变化,变成为与陆生动物五指型附肢相类似的排列。古总鳍鱼就这样逐渐演变成古两栖动物,成为陆上四足动物的祖先。

古总鳍鱼类,原先被认为早已绝迹。可是1938年12月,在非洲南部东海岸附近,却意外地捕获了一条还活着的总鳍鱼,特命名为"拉蒂迈鱼"。由于它的尾鳍中部突出呈矛状,现通常叫做"矛尾鱼"。

这一发现使全世界轰动一时,因为现代总鳍鱼的捕获,不仅获得更充分的证据,证实过去根据化石资料,认为由古代总鳍鱼演变成古两栖动物理论的正确,而且把过去认为总鳍鱼在距今7000万年前便已灭绝的说法打破了。

关键词: **总鳍鱼  胸鳍  腹鳍  矛尾鱼**

# 什么是卵生，什么是卵胎生

养过鱼的人可能都知道，很多鱼是通过产卵的方式来繁殖后代的，比如金鱼，对此我们可能司空见惯了。但也有一些鱼，繁殖时尾巴一甩一甩的，甩出的却是一条一条的小鱼，这就很不一般了。其实，不仅是鱼，很多蛇也有这种特性。不过，无论是鱼也好，蛇也好，它们这种生产后代的方式，与哺乳动物如牛、羊，以及人类繁殖后代的方式有着本质上的区别。

在哺乳动物中，如果雌雄个体交配后获得受精卵，那么，这个受精卵就要在母体的子宫内安居下来，并且依靠母体提供的营养完成胚胎的发育过程，最终形成小生命，这种繁殖方式称为胎生。它的幼体发育是完全依赖母体进行的，离开了母体的营养条件，将会导致胚胎的死亡。

另一方面，我们知道所有的鸟都是靠产蛋来延续后代的，一只受过精的鸡蛋，在一定的孵化条件下，可以独立变成一只小鸡。小小的蛋壳内，集中了蛋白质、脂肪、糖、维生素、酶、无机盐等所有生命发育必须的营养物质，即使是重达10多千克的鸵鸟，也是靠一只鸵鸟蛋成长起来的。乌龟、壁虎，还有大部分的蛇，都采用这种方法来繁殖后代，这种脱离母体，完全依靠受精卵内营养物质而完成发育的繁殖方式称为卵生。

在长达几十亿年的生命发展历史中，有些种类为了自身种族的繁衍，演化出了一些巧妙的生殖方式，它们虽然并不具备胎生的条件，可是，它们却把本该排出体外的受精卵掩藏在体内。与哺乳动物的胚胎发育不同的是，这种受精卵在母体内并不能享受到母亲的营养，胚胎发育同样必须完全依赖于受精卵本身的营养物质。但是,在母体内完成整个发育过程无异于寻到了一个安全保护场所,对于后代的存活实在是大有好处的。所以,它们就选择了这样一种繁殖方式,也就是卵胎生繁殖方式,顾名思义,它的表面形式是胎生,但实质却和卵生完全相同。

细细地观察一下,可以发现,采用卵生的动物种类,它们每次产的卵数量一般都较大,这样,即使有所损失,对繁殖的影响也不是太大。而采用卵胎生的种类,数量相对就要少得多,不过,存活的可能性也会更大,这也算是一种"优生优育"吧。

关键词:卵生  胎生  卵胎生

# 为什么青蛙吞食时要眨眼

青蛙是田园卫士,它捕食各种昆虫,保护庄稼生长。青蛙捕食有一个奇特的动作,即每吞咽一次食物,至少要眨一次眼。如果吞咽较大的昆虫,它眨眼的次数就更多了,直到将食物吞咽下去为止。

为什么青蛙吞咽食物时要眨眼睛呢?

青蛙捕食时,用舌头伸出口外将食物粘住,然后再卷入口内,囫囵吞下去。由于食物未经咀嚼,在喉咙口很难咽下肚,所以一定要有个向里推的力量才能将食物吞进去,而青蛙眨眼可帮助它吞咽食物。青蛙的眼眶底部无骨,眼球近似圆球,外面有上下眼睑和能活动的瞬膜,眼球与口腔仅隔一层薄膜。当眼肌收缩时,眼球能稍向口腔突起产生一个压力,有利于口腔内食物下咽,于是便出现了吞食时不断眨眼的现象。

关键词: **青蛙　眨眼**

# 青蛙在什么时候叫得最欢

从进化的角度来说,青蛙是第一个真正用声带来鸣叫的动物。和人一样,青蛙的声带也是在喉室里,当空气急速经过时,声带振动就发出声音。除了声带外,雄蛙在咽喉两侧还有一对外声囊,鸣叫时向外鼓出成为两个大气囊,使声音更加宏亮。各种蛙的声音和调子不同,有经验的人可以凭着它发出的声调来判断是哪一种蛙在叫。雌蛙和雄蛙都能叫,但由于雄蛙有了声囊,所以比雌蛙叫得更响。

青蛙在什么情况下才叫呢?

当它受到敌害的袭击时,就会发出急促的叫声。如果我们用手指压迫它身体的背面或捏住两侧时,

它就要叫,压一次叫一声。几只蛙挤在一起,如一只蛙触到另一只的背或腹侧时,也同样要叫。在环境条件特别合适的情况下,也要叫,例如在夏天的夜晚,气温上升或是将要下雨的前夕或雨后,田野里的蛙声此起彼落,好像是在大合唱一样。

除此以外,在生殖季节里青蛙叫得也很起劲,这是为了吸引异性伙伴来进行交配。

关键词: **青蛙** **声带** **外声囊**

# 夏天,进入冰箱的
# 青蛙会冬眠吗

我们熟知的许多动物都有冬眠的习惯,青蛙、乌龟、蛇甚至熊,都会在冬天到来时沉沉睡去,它们似乎极不愿意看到纷飞的大雪和冰冻的大地。只有当冰雪融化、大地回春之时,这些睡了一大觉的动物们才如梦方醒,匆匆地回到小别后的世界。那么,这些动物为什么要冬眠呢?

我们来做一个简单的实验,在炎热的夏天,如果你把青蛙放到冰箱冷藏室中,青蛙很快就会进入冬眠,不仅是青蛙、蛇、乌龟,还有一些低等动物如昆虫都有这样的特性。这说明,它们的冬眠完全是因为环境的改变而产生的,自身并没有什么固定的季节性规律。如果这时候再去测量一下它们的体温,会发现与环境温度相差无几,青蛙的新陈代谢在冬眠期内会降到最低点。所以在自然界中,蛇、乌龟、青蛙这些小动物,在整个冬眠期内,都不吃不喝,一直要等到春天到来,气温回暖时才恢复常态。

属于哺乳动物的熊也需要冬眠，但它和青蛙的冬眠不一样，否则，熊就成为变温动物了。动物学家在研究中发现，哺乳动物在冬眠期内体温的下降很有限，决不会和环境温度相一致，比如熊，它的体温非但不会低于30℃，而且，每隔一段时间就会苏醒过来，随后又会沉沉睡去，而外界强制性的温度变化并不能使熊进入冬眠状态。

从演化的角度来看，因为哺乳动物是从爬行动物发展而来的，所以，它们都存在冬眠现象也就不足为怪了。只不过变温的爬行动物在冬眠时不能够自行调节体温，只能由着环境来决定，而到了高等的哺乳动物，它们能够不为环境所动，既进行冬眠，又自行调节体温，实在是两得其便。

有意思的是，虽然动物在冬眠期间免疫反应减弱，心跳频率下降，身体活动近似于停顿，但实际上这一切都在极有规律地运动。它们的神经反应非常正常，即使是青蛙这样的低等动物，如果不慎在冬眠期间把它们从土中挖了出来，那一瞬间的跳跃，丝毫不比春夏季节有什么逊色，更不用说在冬眠时处于半梦半醒状态了。

科学家们一直在努力寻找冬眠的根本原因，他们相信存在着一种冬眠基因，可是却始终不能发现它的下落。近年来，日本一个研究小组发现了一种蛋白质，认为它很可能就是这种基因，原因是这种蛋白质仅仅发现于冬眠动物的血液内。当然，这只是一个非常初步的结果，进一步的研究还在进行之中，相信一旦冬眠的机制被解开，必将可以人为地控制冬眠，从而使冬眠服务于人类。

人类为什么要钟情于冬眠呢？我们前面提到过，冬眠会使代谢下降,单凭这一点,一些需要长期治疗的疾病就可以有时间上的保证,另外,某些紧急治疗如果一时不能实现,采用冬眠的办法也可以争取时间。而更重要的是,冬眠期内生物的老化速度明显趋缓,这样,实现冬眠也就可以间接地延长人类的寿命。

☞ 关键词: 冬眠　冬眠基因　青蛙

# 青蛙产卵一定在水中吗

　　每一次冬去春来,我们都可以在鱼塘水田、大湖小沟中,找到成片成团的黑色卵粒,那是青蛙和蟾蜍的妈妈们产下的后代,这些卵粒没多久就会变成会游泳的小蝌蚪。翻开教科书,我们可以清楚地看到,它们被称作两栖动物。也就是说,这些动物的成体虽然可以在陆地上生活,但幼体的发育却必须依赖于水。可是,在澳大利亚的荒漠中,在非洲的干旱地区,照样生存着不计其数的两栖类动物,那么,它们又是怎样产卵的呢?

　　栖息在南美洲的达尔文蛙毫不理会两栖类产卵的一

达尔文蛙

156

般法则,它把卵产在陆地上,不过,父母们并不会一走了之,相反,父亲会日夜守护在孩子们的身边,一旦胶质中的蝌蚪发育到开始游动时,做父亲的就会把它们含到嘴里去,小蝌蚪们在那里大约要待上3个星期才能完成发育,这时候,父亲就会把它们吐出来,小青蛙从此才开始自食其力的生活。

有些两栖动物演化出了更为巧妙的方式,它们可以把孩子背在身上孵化,大名鼎鼎的负子蟾就是其中之一。这些动物的背部有许多凹陷,就像许多小小的育儿囊,产下的卵经过艰苦的搬运后移到背部,在以后的3个多月时间中,母亲就辛辛苦苦地背着它们,直到孩子们完成全部的发育。

更为奇特的是产于澳大利亚昆士兰州的一种蛙,因为担心恶劣的孵化环境,母亲在产下它们的孩子后,干脆一古脑儿吞进肚子里去,因而把自己的胃部撑得好大好大,蛙卵在妈妈的肚子里要待上6~7个星期。在这段时间里,为了让孩子们不受伤害,母亲只好停止进食,直到蝌蚪完全发育后,妈妈才像变戏法一样地把小青蛙一个个从嘴里吐出来。第一次看到这一惊世骇俗场景的人,一定会惊讶得连话都说不出来。

负子蟾

当然，青蛙和蟾蜍们这些违背常规的产卵和孵化方法，并不是它们特意的别出心裁，实在是为环境所迫。所以，即使产卵在陆地上，它们也是尽量选择潮湿的地方，或者努力创造合适的环境，甚至提供自己的身体。反过来说，如果它们不能演化出适合大自然的独特高招，势必会成为生物进化史上的匆匆过客。

> 关键词：产卵　达尔文蛙　负子蟾
> 两栖动物

## 癞蛤蟆有毒吗

癞蛤蟆的科学名字叫蟾蜍，它的外形很难看，皮肤不但颜色灰暗，而且还有许多疙瘩，因此很多人不敢去碰它。其实，这种外貌对癞蛤蟆本身来说是很合适的，因为它生活在比较阴湿的地面上，皮肤上的这种颜色和疙瘩，与泥土差不多，就不容易被发现，既可以逃避敌害的搜索，又便于捕捉各种昆虫来充饥。

当癞蛤蟆受到强烈的刺激或侵害时，它的皮肤表面，特别是头部的一对耳后腺，会放出一种乳白色的浆液来。仔细观察一下，耳后腺就是头部背面皮肤上的2块长圆形的突起。此外，皮肤上的圆形突起也跟耳后腺一样，由许多皮肤腺组成，除了一种能分泌粘液使皮肤表面保持湿润的腺体以外，还有能分泌乳白色浆液的腺体。乳白色浆液有毒，这就是它保卫自己的武器。但对人来说，这样一点微弱的毒性是不起什么作用

的，如果弄在手上或其他部位的皮肤上，完全不起作用；如果弄到眼睛里，由于它的局部刺激作用，会感到痛，但只要立即用水洗一下，并没有太多的危害。我们把癞蛤蟆抓在手里，如果不是有意伤害它，癞蛤蟆也不会轻易放出浆液来的。但要注意，它的皮肤及卵是吃不得的，吃了会使人中毒死亡。

中药里有一味药叫蟾酥，就是把癞蛤蟆分泌的乳白色浆液调在面粉里做成的，有强心、镇痛、止血、治疗疮等功效。

☞ 关键词：癞蛤蟆　蟾蜍　耳后腺

# 蟾蜍是吃虫能手，
# 为什么有时也会被虫吃掉

英国 BBC 电视台，曾经播放了一个特别节目——"虫吃蟾蜍"，引起了观众的浓厚兴趣，因而使这家电视台身价倍增。这一揭示大自然反常现象的录像片，是美国生物学家在亚利桑那州农村沼泽地区录制的。

在广阔的沼泽地区，生物学家发现一只蟾蜍止步不前，在抖动着躯体。仔细一看，原来一条马蝇的幼虫正在螯刺这只蟾蜍，把口中的毒素注射到猎物体内，当蟾蜍处于麻木、晕眩状态时，马蝇幼虫再吮吸猎物的血液和体液，直到吃得身体溜圆滚胖为止，与此同时，那只可怜的蟾蜍却变得瘦小死去。通常，马蝇幼虫吃蟾蜍，是在幼虫长到最大阶段，而小蟾蜍则处于刚从蝌蚪发育而来的时期。因为在这个时候，两者的身体大小几乎相等，所以幼虫可以轻而易举地捕食蟾蜍了。之后，美国一位动物学家在洞穴里，又发现一条马蝇的幼虫咬住一只蛙。这只蛙的体重，估计要比幼虫大 20～30 倍，好像一个体重只有50 千克的人，紧紧拉住一个 1500 千克重的物体一样，真是大自然里的一大奇观呢！

科学家认为，在正常情况下，马蝇的幼虫以蟋蟀和甲虫为食，但每当蟾蜍或蛙在它们面前出现的时候，往往会激起幼虫新的食欲要求。

☞ 关键词：蟾蜍　马蝇

# 为什么海洋中见不到两栖动物

青蛙、癞蛤蟆，还有叫起来如同小孩哭声似的娃娃鱼，都是两栖动物的成员。其实，属于这一类的动物还有很多，全世界大约有3000种，我国有210种左右。可奇怪的是，两栖动物能生活在江河湖边，生活在溪水池塘之中，可是在浩淼无际的大海洋中，却见不到它们的踪迹。

这究竟是什么原因呢？

要说明这个问题，得先做个简单而有趣的小实验。

用一个半透性（只能让水分子透过，较大的分子则无法透过）的薄膜小袋装盐水，然后把袋子放入清水中，这时，由于袋内和袋外的渗透压不同，我们可以看到，清水不断渗透入袋里。但如果把清水装入袋内，再把袋放入盐水中，我们就能发现，袋里的水就会不断向外渗出。

这个简单的实验，说明了低浓度溶液中的水分，一定向高浓度溶液处渗透。

现代两栖动物的身体，被覆着裸露的皮肤，体内的液体和血液里的盐分，比起海水里所含盐的浓度要低得多，如果两栖动物一旦进入高浓度的海水里，体内的水分就会大量朝外渗出，结果因为失水而造成死亡。科学家们在研究中发现，一般在含有10‰盐分的水域里，两栖动物就无法长期生存；在含盐浓度超过10‰的水域中，两栖动物很快就会死去。现在海水的含盐浓度一般都达到20‰以上，有的甚至高达42‰，因此，绝大多数两栖动物是不能栖居于海洋中的。

目前，仅有一种海蛙，在我国海南岛及东南亚一些国家的沿海泥滩上生活着。

　　如果两栖动物无法长时间呆在咸海水中，当然也无法从陆地游到海岛上，可是，在一些岛屿上为什么会有两栖动物呢？这可能是因为这些岛屿原先与大陆相连，后来才分离成岛，而原来留在这些地方的两栖动物，得以保存下来。但是，一般岛屿上的两栖动物的种类，比起大陆上的却要少得多。

　　☞ 关键词：　两栖动物　　盐度　　渗透压

# 牛蛙为什么能吃蛇

　　东风送暖，大地回春，当自然界开始披上绿装的时候，如果你到郊区走走，常常可以听到从农田、小沟或小河旁发出急促的"呱呱"地鸣叫声。你循声走近一看，原来是一只蛙被蛇咬住了，它在发出悲惨的求救。所以说，蛇吞蛙是家喻户晓的常识。可是你是否知道，动物世界里还有蛙吃蛇呢！这蛙，就是大名鼎鼎的牛蛙。

　　牛蛙是蛙类中的大个子，体长约有 20 厘米。雄蛙有声囊，鸣声洪亮，远听好像牛叫，因而得名"牛蛙"。这种蛙性情较凶猛，在自然界里，雄蛙往往占据池塘或水田的一定地盘，作为自己的领域，如果别的雄蛙进入这个领域，主人就会像猛兽一样，向入侵者发起攻击，于是发生一场格斗。

　　平时，牛蛙生活在池塘、水田附近，主要捕食昆虫、小鱼、小蛙、螺类等。有时候，它停息在栖息地一动也不动，见到一条小水蛇游到足够近时，便会猛地跳上前去，张开大口，把水蛇的头部咬住,并且不断地往肚子里吞。据科学工作者观察,牛蛙吃蛇总是从头部开始,因为先咬住尾巴容易使猎物逃脱。

牛蛙吃蛇虽不常见,但也不是罕见的新闻。因为牛蛙个儿大、性情较凶猛,加上栖息地常有水蛇出没,所以吞食小水蛇并不怎么困难。不过它也有"自知之明",绝不会去冒犯个儿很大的蛇。

关键词:**牛蛙**

# 传说中的龙是什么动物

有这样一首歌:遥远的东方有一条龙,它的名字叫中国。我们还说,龙腾虎跃,龙凤呈祥,似乎地球上真的出现过龙这样一种动物。但是考古学家却认为,龙实际上是一个想象出来的动物。不仅是中国,不仅是东方,西方也说有龙,否则英文中就不会有"dragon"这个词了,那么,龙这种传说中的动物究竟是怎么来的呢?

从各种各样的图案上来看,龙像是一种爬行动物,殷商时代的象形文字中,龙字只不过是在蛇字的头上加了角而已,所以,龙的原形可能就是蛇。那么,人们为什么不直接采用蛇作为一种威力的象征而要想象出龙呢?

原来,造就龙这样一种庞然大物的背景是发达的河流资源。古时候,由于科学技术的落后,水利工程一般极不发达,像中国的黄河,西亚的幼发拉底河、底格里斯河经常要发生洪水泛滥的灾害,迷信的人们通常会认为是人类触犯了神灵导致了上苍的惩罚。这时候,小小的蛇显然无法满足大家的想象,于是,人们便以常出现在水里的蛇为雏形,创造出了威力无比的龙来。

其实,在有些国家,蛇直接被当做一种图腾而受到人们的敬仰,我们的邻国印度就至今还崇拜着蛇,其中的原因可能是因为印度拥有蛇类王国中的巨无霸——眼镜王蛇的缘故,这种蛇连大象也不怕,印度人自然不必费神再去创造一个虚无缥缈的动物,蛇就是他们至高无上的象征,所以,即使是象征王权的圣蛇,实际上就是眼镜王蛇的模样。

☞ 关键词:**龙 蛇 图腾**

# 为什么恐龙会灭绝

在生物学的发展史上,有很多种类出现后又消失了,对此我们并不感到奇怪,因为物种灭绝实际上是生物演化史中的一个必然阶段。一些种群发展到一定的时期就会结束它的使命,由此产生的空间,将会有新的种群来代替,这实际上也是生物界的新陈代谢。

有时候,这种新陈代谢的影响很大,它会造成一些大的生物群落的衰竭,地质史上就以此作为新的时代的开始,比如三叶虫一类生物绝迹的时候,人们就把它作为古生代的结束,而中生代的结束就以恐龙为标志。换句话说,以 6500 万年前的中生代白垩纪地层为界,超过这个界限,恐龙等一批生物就再也找不到了。

既然灭绝是一种必然，那么，为什么关于恐龙灭绝的话题这么让人百谈不厌呢？这一方面是由于恐龙这样的庞然大物对人类实在有太大的震撼力，另一方面，人们也感到奇怪，恐龙在当时是地球的统治者，而统治者就这样悄然无声地被消灭了，这不能不让人感到困惑。于是，探讨恐龙灭绝就成了一个非常热门的话题。

　　围绕恐龙是如何灭绝的，世界上产生了许多假说，如中毒说、老化说、环境恶化说、蛋壳变质说、超新星爆炸说等等，每一种假说都可以写出一个很长的连续剧，告诉你一个非常动听的故事。但是，科学毕竟不能沉湎在故事中，它需要证据作后盾。在这些假说中，大多数科学家认为，陨星撞击说列举出的种种证据，具有较为可信的说服力。

　　1980年，美国加州大学的阿伯列斯教授在意大利的古比奥做研究工作时，发现6500万年前的地层中含有高浓度的铱，达到正常含量的几十倍甚至数百倍。这样浓度的铱在天外陨星中可以找到相同的含量，因此阿伯列斯推测，在6500万年前，有一块巨大的陨星曾经撞击了地球，而这一时期恰好是恐龙的灭绝时期，自然而然，人们就把撞击与恐龙灭绝联系到了一起。科学家们根据铱的含量，还推算出了撞击物相当于直径10千米左右的小行星。

　　这么大的陨星撞击地球，绝对是一次无与伦比的打击，以地震的强度来推算，大约是里氏10级，而撞击产生的陨星坑直径将超过100千米。因此，必须找到这个陨星坑，才能对这一假说提供有力的证据。

　　科学工作者花了10年多的时间，终于在1991年有了初步的结果，这个陨星坑就在中美洲犹加敦半岛的地层中，推断出来的直径是在 180 ~ 300 千米之间。不过,这个差量实在太大,所以,从 1995 年开始,世界各地大约有 5 个工作小组各自计划用地震波的方法来进行进一步的推测。

如果当时确实有过这样一次撞击,那么,巨大的海啸也将随之出现,因此,在这个陨星坑中,除了铱的高含量以外,还应该堆积着海啸产生的破坏物。所以,6500 万年前的地层仿佛是一座金矿,它可以提供我们想要的证据,当然,挖掘工作只能慢慢展开。

然而,也有些科学家表示怀疑,他们认为,恐龙的灭绝并不是出现了什么天外来客,而是地球本身环境的恶化造成的,因为地质史的研究告诉我们,6500 万年前,印度的德干高原等地发生了非常强烈的火山活动,由此带来的后果也会造成

生态环境的急剧破坏。不料,怀疑者提出的印度火山活动却成为了撞击的另一个证据。

如同你把一颗石子扔进水里,可以看到水波会不断蔓延一样,当陨星撞击地球时,产生的表面波在地球的表面迅速传播开来,最后在撞击的背面产生辐合,而当我们转动地球仪时,可以发现印度差不多就在犹加敦半岛的背面,这样的话,撞击和火山活动之间发生了因果关系,一切变得那么自然。不过,需要说明的是,火山爆发和撞击点在地球的两边略有错开,可是,这样一来,从另一个方面说明,地球板块运动的方向在6500万年前突然改变了,于是,陨星撞击和板块运动之间也有了新的联系。可以研究的问题实在太有意思了。

于是,科学家们得出了这样一个初步结论:6500万年前,一颗直径大约10千米的陨星撞击了地球,由此产生的尘埃遮天蔽日达近十年,在这段时间里,植物不能进行光合作用,一年四季都是冬天。这样,恐龙这类大多数以植物为主食的动物的命运,也就可想而知了。

有些科学家提出了进一步的看法,认为恐龙在那个时代实际上已经衰落,撞击只不过是在它没落的时候给了它致命的一击。当然,也有人并不同意陨星撞击论,他们提出的问题同样很有道理:如果是大撞击使大批的恐龙致命,那么,在高含量的铱地层中,应该埋葬着不计其数的恐龙尸骨,事实上,迄今为止这种事例一个也没有,这不能说不蹊跷。

不管怎么样,重要的是事实,现在,科学家们正在寻找进一步的证据,以便对恐龙的灭绝有一个令人信服的交代。

☞ 关键词: **恐龙　灭绝　陨星　铱**

# 恐龙会不会养育幼龙

在当今世界的爬行动物中，蛇、蜥蜴或者乌龟产卵以后，母亲就用泥土、沙子等遮盖住这些小辈，然后，到底是安全孵化，还是被敌害所食，只能听天由命了。那么，作为爬行动物的恐龙是不是也养育后代呢？

1978年，美国恐龙学家杰克·霍纳博士在蒙大那州的一个地方发现了一个恐龙的集体营巢地，在这个庞大的巢穴中，有卵，也有即将孵化的胚胎，还有刚刚孵化出壳的幼小恐龙。这些幼龙的牙齿有明显的磨损痕迹，表明已经开始进食，但是四肢的发育却很不完全，显然还未开始真正意义上的爬行。于是，霍纳博士认为，它们在巢中是由父母亲或别的成年恐龙提供生长所需要的食物，就像现代的鸟类哺育后代一样。这种被认为能够养育幼龙的恐龙就被称为"慈母龙"，而这种学说就叫做"恐龙育子说"。

迄今为止，在世界的很多地方，相继发现了大量的恐龙足

迹化石，像"慈母龙"这样的食草性恐龙，很多时候是成群结队出外活动的，足迹分析表明，恐龙们外出时，大恐龙在队列的两侧，小恐龙则被保护在队列中间，如同我们今天看见的象群一样，仅仅凭着这一份爱，它们已经足以接受"慈母龙"这样的美称。

不过，不少古生物学家认为，仅仅依靠以上这些证据，并不能证明恐龙能够有目的地养育照顾自己的后代。因为世界上现存的任何爬行动物都没有表现出这样的爱心。鳄鱼已经做得很彻底了，但它们也仅仅是把出壳的小鳄鱼带到水边，就算完成了任务，至于小鳄鱼是否会因为不谙水性、不善捕食或其他因素而发生生存危机，只能听之任之。而从体重与脑重的比例上来看，爬行动物，尤其是恐龙，远远比不上鸟类和哺乳类，所以，恐龙是否真的聪明到能够养育幼龙还是一个大大的问号，至少在今天，这还仅仅是科学家的一种推测。

☞ 关键词：恐龙　恐龙育子说

# 恐龙能够复活吗

科幻电影《侏罗纪公园》为我们描绘了这样一幅场景：灭绝于 6500 万年前中生代的恐龙复活了，这些庞然大物在世界

上横冲直撞,藐视着一切自命不凡的生物。我们在感叹高科技带来刺激的同时,是否也曾想到过,恐龙真的能复活吗?

科学家告诉我们,这并非绝无可能,而希望则是来自于珍贵的琥珀。

我们知道,有些生物,它们在生活的过程中落入了松树一类植物所分泌的树脂中,这些树脂包裹的生物经历了几百万年,甚至几千万年的变化后就形成了琥珀。琥珀中可以有苍蝇、蚊子等一类昆虫,也可以有树叶、苔藓等一类植物,甚至还会有小型的青蛙、蜥蜴等等。由于生物被封闭后产生了脱水,而树脂具有很强的抗生素作用,因此,琥珀中的化石可以在相对稳定的状态中保存生物的一部分结构组成。

这就是灭绝动物复活的希望所在。想象一下,有一只中生代的蚊子,曾经吸取了恐龙身上的血液,而它又恰巧被树脂包住形成了琥珀,那么,机会就来了。如果我们能够从蚊子身上获取恐龙血液的一丁点 DNA 片段,就可以得到相应的遗传基因,再通过 DNA 增幅技术(简称 PCR 技术),就能够获得恐龙血液的全部遗传基因。当然,我们还要依次获取决定恐龙皮肤、神经等其他组织的遗传基因,才能做成更大的文章。

可以想象,困难是非常大的,也许很大一部分恐龙的 DNA 永远地消失了,但不管怎么样,现代生物工程技术为我们描绘了一幅美丽的蓝图。从目前来看,恐龙复活还只是一种奢望,但是,几十年后,几百年后飞速发展的科学技术或许就能够使这些梦想变成现实。

关键词: 恐龙　琥珀　基因

# 恐龙蛋化石中能找到哪些线索

我们知道,在6500万年前恐龙已经灭绝。要想了解恐龙在当时生活的情景, 只能依赖于遗留下来的恐龙骨骼和蛋的化石。然而,一个个像石球的恐龙蛋化石,究竟能向古生物学家展示多少有价值的线索呢?

1922年, 科学家在蒙古发现了成窝的恐龙蛋化石, 它首先证实了一点,那就是至少有一部分恐龙是卵生的。

由于这窝恐龙蛋呈放射状排列,越向圆心处的内层,蛋的数量越少,但体积却越大。科学家根据这个现象推测:在繁殖季节,恐龙也许成群在一起交配。在雌恐龙下蛋前,先用前肢掘一个圆坑,坑中间是隆起的。接着,它围着坑下蛋,每产一圈就用土埋上,再下第二圈,再用土埋上,最多可下4圈蛋。把蛋排列成放射状,能最大限度吸收阳光,有利于孵蛋成功。

到本世纪80年代, 古生物学家发现, 在恐龙即将灭绝的时期,许多恐龙蛋的蛋壳,有的太厚,有的太薄。太厚的蛋壳会把壳体上的小气孔堵塞,胚胎发育时因为缺氧而死去。蛋壳太薄的蛋,往往是还没完全成熟就提前产下的,这种蛋只要稍微碰撞一下就会碎。

厚壳蛋和薄壳蛋是怎样产生的呢? 古生物学家在研究鸡鸭生蛋过程时发现,当它们准备把蛋排到体外时,如果突然遇到某些刺激,如气温突变、受到惊吓等,体内激素发生了变化,蛋会缩回去,在输卵管内继续发育,这样,在原来的蛋壳外会增添一层新蛋壳。有时候,由于外界刺激,引起性激素失调,促使蛋提前排出,会形成蛋壳很薄的早产蛋。

如果恐龙的厚壳蛋或薄壳蛋也是受外界刺激引起的，那么，这是什么样的外界刺激呢？科学家马上联想起解释恐龙灭绝的"小行星碰撞学说"，认为地球可能在那个时候受到一次剧烈的撞击，使气候发生突变，这也许就是巨大的外界刺激。

总之，通过对恐龙蛋化石的研究，可以从中了解许多那个时代的信息，如恐龙的栖息繁殖、气候变化、地质构造变化和生态环境变化等。

☞ 关键词： 恐龙蛋　化石

# 身躯庞大的翼龙
# 为什么能在空中飞行

当恐龙在地球上称王称霸的时候，有一类叫做翼龙的爬行动物却占据了更为广阔的空间。在我们的想象中，恐龙的个体极为庞大笨重，即使是在地面上爬行也不容易，又如何能像鸟儿一样轻盈地翱翔在天空中呢？

古生物学家认为，导致翼龙能够飞翔的最主要原因是，它们产生了翅膀。翼龙的翅膀由皮肤的膜构成，这种膜叫飞膜。飞膜由臂骨、又大又长的第四指（翼指）以及翼骨共同支撑着，前端又尖又细，从飞行设计的角度来看，这种形状对滑翔十分有利。

除此以外，翼龙的胸骨和肩部关节的构造有利于肌肉的附着，强大的肌肉使它在飞行时能得到有力的支持。大量的计算表明，大型翼龙可以像军舰鸟一样缓慢地飞行，中型翼龙则

与海鸥相似,而小
型翼龙差不多与
小鸟一样灵活,由
此可见,翼龙不仅
大小各异,形状多样,而且
飞行方式也各有特点。

　　解剖学还表明,翼龙支撑翅膀的骨骼呈中空
状态,这样的骨骼不仅有强度,而且减轻了自身
重量。除此以外,有些翼龙全身被覆毛状物,具备
了隔热的条件,因此,几乎所有的翼龙研究人员都认为,翼龙
很可能是一种恒温动物。

　　1984年,美国和英国的科学家分别模仿制作了一具翼
龙,并成功地将它送上天空飞行,这次实验证实了,翼龙虽然
躯体庞大,但同样能够在空中自由翱翔。

　　科学家根据挖掘出的化石发现,最古老的翼龙是真双型
齿龙,生存于2亿多年前中生代三叠纪后期,它有着长长的尾
巴。到了侏罗纪中期,一类几乎没有尾巴的新型翼龙——翼手
龙出现了。这两类翼龙共同生存到侏罗纪末期,真双型齿龙渐
渐灭绝,随之而来的白垩纪成了翼手龙的天下。只是,翼手龙
也并没有在这个世界上存在多久,到了6500万年前的白垩纪

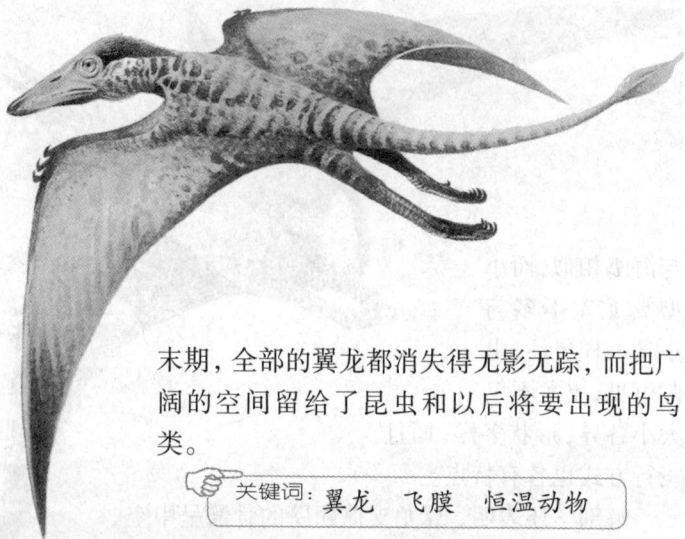

末期，全部的翼龙都消失得无影无踪，而把广阔的空间留给了昆虫和以后将要出现的鸟类。

👉 关键词：**翼龙　飞膜　恒温动物**

## 蛇没有脚，为什么能很快爬行

现在生活着的蛇都没有脚，只有少数几种，例如蟒蛇还有后肢的痕迹，可见蛇的祖先也是有脚的，只不过后来逐渐退化了。

蛇没有脚，为什么能很快爬行呢？

蛇没有脚能够爬行，这是由于它具有特殊的运动器官和运动方式的缘故。

蛇全身都包裹着鳞片，但这些鳞片和鱼的鳞片不同，是由皮肤最外面一层角质层变成的，所以也叫做角质鳞。而大多数鱼，它的鳞片是由皮肤最里面一层真皮层变成的。蛇的鳞片比

较坚韧,不透水,也不能随着身体的长大而相应地长大。蛇生长一段时间,需要蜕一次皮,就是这个道理。蜕皮后新长的鳞片比原来的要大些。蛇鳞不仅有防止水分蒸发和机械损伤的作用,也是蛇没有脚能够爬行的主要构造。

蛇身上的鳞片有两种:一种在腹面中央,较大而呈长方形,叫做腹鳞;另一种在腹鳞的两侧到背面,形小,叫做体鳞。腹鳞通过肋皮肌与肋骨相连。

我们知道,蛇是没有胸骨的,它的肋骨能前后自由活动。当肋皮肌收缩的时候,引起肋骨向前移动而使腹鳞稍稍翘起,翘起的鳞片尖端像脚一样踩住地面或其他物体,就推动身体前进。

另外,蛇的椎骨上除了一般的关节突外,在前端,还有一对椎弓突,与前一椎骨后端的椎弓凹构成关节,这样不仅使蛇的椎骨互相连接得更牢固,也增加了蛇身体左右弯曲的能力,使蛇体能够进行波状运动。这样,体侧就不断对地面施加压力,推动蛇体前进。这种运动和腹鳞的活动相结合,就能使蛇的身体很快地向前爬行。

蛇的皮肤很松弛,当鳞片和地面相接触时,身体内部先向前滑动,这种动作不但有助于蛇的爬行,也是它能够攀缘树木的原因。如果把蛇放在光滑的地板上,它就"寸步难行"了。

👉 关键词: **鳞片　腹鳞**

# 为什么说蛇毒比黄金昂贵

　　毒蛇之所以让人害怕,是因为它的口腔内有毒牙,而毒牙之所以能注射蛇毒,是因为它的基部有毒腺相连。当毒蛇咬住生物体时,相关肌肉就会收缩,并挤压毒腺,使毒液流入毒牙,再通过毒牙排出。这个过程说起来复杂,做起来只是一瞬间的事情,而人畜一旦被毒蛇咬伤,轻则致病,重则毙命,所以,自古以来,毒蛇总是让人望而生畏。

　　但是,任何事物总有它的两面性,毒蛇也不例外,随着科学技术的不断发展,人们逐渐发现,毒蛇体内的蛇毒其实有着很高的医学价值,在今天的市场上,它比黄金还要昂贵。那么,蛇毒究竟有些什么用处呢?

　　首先,它是制备抗蛇毒血清的抗原。我们知道,在农村和山区,被毒蛇咬伤为普遍的现象,过去,人们总是用一些传统的草药来对付蛇伤,有时候效果不错,有时候却不甚理想,其主要原因,是由于各种蛇毒中所含的有毒成分并不相同。1896年,第一例临床使用的抗眼镜蛇毒血清问世,从那以后至今,世界上已经生产出了80多种不同种类的抗蛇毒血清,一个世纪来的实践证明,对于蛇伤,抗蛇毒血清一直是首选的特殊药物。

　　其次,蛇毒还有止血与抗凝血的功能。当正常人体内凝血与抗凝血两种机制的平衡被打破时,要么出现大出血,要么形成血栓。不久前科学家发现,蝰蛇的蛇毒对各种出血有良好的治疗效果,由蝮蛇的蛇毒提炼出的精氨酸酯酶,则对血栓和脑血栓带来的偏瘫、心绞痛等后遗症有显著的治疗作用。

另外,不同的蛇毒还会对人体的不同部位有镇痛作用;从蛇毒中分离出来的各种蛋白酶也是遗传学和医学的有效研究工具。最近,人们还对蛇毒抗癌的特殊功效进行了有益的尝试,效果也相当明显。

正因为蛇毒在医学领域中发挥出日益重要的作用,需求量也越来越大,但它只能通过活的毒蛇获取,而一条毒蛇所含有蛇毒的数量只有很少一点,所以,蛇毒就显得特别珍贵。

关键词: 蛇毒  毒腺


# 玩蛇者为什么不怕被毒蛇咬伤

很多人怕蛇,因为毒蛇咬了人会置人于死地。

然而,印度街头却常有一些卖艺者,把毒蛇缠在自己的身上或头颈等处,或用手从竹篓里抓出一条眼镜蛇放在地上,一面吹笛,一面让蛇引颈吐舌呼呼做声或翩翩起舞,以招揽观众。这些卖艺者为什么不怕被毒蛇咬伤呢?

大多数毒蛇不同于无毒蛇,它们上颌有一对毒牙,口腔近上颌的两侧各有一个毒腺,腺管一直通到毒牙的基部。毒蛇咬人时,毒腺周围的肌肉收缩,压迫着毒腺,毒腺分泌的毒液便从腺管运送到毒牙内,再经毒牙前端的沟孔或管孔流进人体的肌肉或血管,毒液很快随血液循环流到全身,引起血液或神经中毒。既然毒蛇的毒液是由毒牙注入人体内的,把毒牙拔掉了,即使被毒蛇咬伤,也就没有中毒危险了。有些玩蛇者深知其中奥秘,所以事先已把毒牙拔掉了。

再说，毒蛇分泌毒液也有一定的规律。根据科学家研究，毒腺分泌毒液的数量、所含毒素的浓度，往往随季节而有变化。冬眠醒来的毒蛇，毒腺分泌的毒液比较浓，含毒素较多，毒性就要大些。其他季节，毒蛇分泌的毒液比较稀薄，毒性就差。毒蛇排放过一次毒液后，毒腺要隔上一段较长时间才进行再分泌并积累毒液，所以连续咬人，毒液量少，毒性也小。捉来毒蛇先让它咬其他动物或柔软的东西，使毒液排尽，短期内虽被它咬伤，也就没有危险

了。

毒蛇还有一个习性，它只在极度饥饿或被踩痛时才咬人。喂饱它，不去踩痛它，就不会咬人；即使被咬着，毒液也不致太多，毒性不大。至于菜市场上卖蛇人手中摆弄的蛇，大都是无毒蛇，所以不怕咬伤。

卖艺者或玩蛇者了解和掌握了这些规律，将采集到的毒蛇经过处理，就可在观众面前随心所欲地摆弄或进行"惊险"的表演了。

关键词：**毒牙　毒腺**

# 蛇吐舌头是为了恐吓别人吗

几乎所有的蛇，都有一条鲜红而又分叉的舌头，也称为"蛇信"。蛇的舌头仿佛特别灵活，不停地一伸一缩，看上去好可怕，于是不少人就认为，蛇亮出它的舌头是为了恐吓别人，达到保护自己的目的。

其实并不是这么回事。动物学家在研究中发现，蛇的舌头与众不同，功能完全不一样。根据常识理解，舌头是味觉器官，感受不同食物的各种滋味，但蛇的舌头却更像鼻子，表面没有味蕾，无法辨别甜酸苦辣，反而能嗅到外界的气味。

我们知道，气味是由物质的挥发性分子作用形成的。当人或动物吸气时，飘散在空中的气味分子便钻进鼻子，与鼻腔表面的嗅觉细胞相遇，这时，嗅觉细胞将感受到的刺激转化成特定的信息，通过嗅觉神经传入大脑，于是就产生了嗅觉。

实际上，蛇经常吐舌头，并不是为了恐吓别人，而是接收空气中的各种化学物质，这与鼻腔的功能有相似之处。当舌头伸出时，空气中的化学分子粘附到潮湿的舌面上，接着，舌头再缩回到口腔中一对叫"助鼻器"的地方。助鼻器与外界隔绝，因此不能产生嗅觉，但是当舌头把外界的化学物质带进来后，它就能实现嗅觉功能。

蛇的助鼻器由无数感觉细胞组成，把接收到的化学物质变为某种信息，送入到中枢神经，经过综合和分析，于是就产生了嗅觉。

平时，蛇不断地吞吐舌头，就是在不断地"嗅"外界的气味。假如，一只被蛇咬伤后的动物逃跑之后，蛇就可以利用它那伸缩不停的舌头，通过气味去探寻和跟踪受伤者，直到捕获为止。

☞ 关键词：蛇信　嗅觉　助鼻器

## 怎样区别毒蛇和无毒蛇

全世界蛇类有 2500 多种，毒蛇大约有 650 种左右，其中我国就有 47 种毒蛇。很多人见到蛇特别害怕，其实主要是怕

毒蛇

无毒蛇

毒蛇，因为若被毒蛇咬一口，可能就会有生命危险。那么，怎样区别毒蛇和无毒蛇呢？

毒蛇和无毒蛇在外表上没有截然的区别。一般来说，毒蛇的头比较大，呈三角形，颈部细小，尾短，在泄殖肛孔后骤然变细，斑纹显著。而无毒蛇的头比较小，多呈椭圆形，尾长，在泄殖肛孔后逐渐变细。五步蛇、蝮蛇、烙铁头、竹叶青、蝰蛇等毒蛇的头部，都是三角形的，但也有一些很厉害的毒蛇，像金环蛇、银环蛇及各种海蛇的头，却和无毒蛇的头差不多。在无毒蛇中，也有少数头部呈三角形的，例如颈棱蛇，因为它很像蝮蛇，所以也有人叫它假蝮蛇。

毒蛇和无毒蛇最根本的区别，要看它有没有毒牙，有毒牙的肯定是毒蛇。毒牙有两种：一种是沟牙，牙上有一条联通毒液的沟，这种牙有的生在上颚骨的前部，嘴张开来就能看见，叫做前沟牙。具有前沟牙的毒蛇通常毒性较大，例如眼镜蛇、金环蛇、银环蛇、各种海蛇等。有的沟牙生在上颚骨的后部，叫做后沟牙，例如泥蛇、水泡蛇等，具有这种毒牙的毒蛇，毒性比较小，人被咬了，一般不会死亡。另一种毒牙是管牙，是一对稍稍弯曲的长牙，尖端很细，像绣花针的头，牙的中间是空的，如同管子一样，所以叫管牙。管牙的基部和毒腺的导管相通，这和沟牙是相同的，咬人的时候，毒腺外面的肌肉一收缩，就把里面的毒液压入毒牙的管道，注射到人的身体里去，毒液随着血液散布到人的全身，就会使人中毒。蝮蛇、五步蛇、竹叶青和烙铁头等的毒牙都是管牙。

因此，被蛇咬伤的时候，可以根据牙痕来区别咬的是毒蛇还是无毒蛇，如果是毒蛇，一定有一对或一个毒牙的牙痕，而无毒蛇咬的只有两行细小的牙痕。

如果被毒蛇咬了是很危险的，咬伤的部位会很快出现剧烈的疼痛和肿胀，有的还会感到头晕、出冷汗、呼吸困难等。但被各种海蛇、金环蛇和银环蛇等毒蛇咬伤时，往往在几小时后才出现症状，危险性极大，要特别注意。所以被毒蛇咬伤后，要立即进行急救：拿一根布条或绳子，紧紧地扎住伤口的上方，尽量减缓和阻止毒液流向全身。不过，扎的带条每隔10多分钟要放松1~2分钟，以防被扎的肢体因血液循环受阻而坏死。同时，从结扎处使劲向伤口方向挤压，边挤边洗，尽量把毒血挤出来，与此同时，还应尽快请医生治疗。

关键词：**毒蛇　无毒蛇　毒牙　沟牙　管牙**

# 怎样区别蛇的雌雄

在蛇的繁殖季节，很多人可以一眼看出怀孕后期的雌蛇，这当然不是什么难事，因为雌蛇胀鼓鼓的腹部已经说明了一切。可是，在繁殖季节以外，我们如何来辨别蛇的雌雄呢？

单从外形上来看，即使是生物学专家，怕也会有闪失。一般来说，雄蛇的尾巴较长，并且靠近肛门的部位显得较为膨大，然后逐渐变细；而雌蛇尾巴相对略短一些，并且从肛门向后一下子变细起来。造成这一外观上的差别是因为雄蛇在接近肛门处有一对交接器，解剖学上称它为半阴茎。

既然是半阴茎的存在导致了雄蛇与雌蛇在肛门处的明显差异，那么，直接检查半阴茎就是一个最为有效的辨认性别的方法。不要以为非得把蛇解剖开才可以看到半阴茎，其实，只要灵巧地运用你的双手，就可以使这个雄性生殖器官暴露无遗，方法是先使蛇腹部朝天，然后用拇指按住肛门后几厘米处，自后向前平推，如果是雄性的话，泄殖腔的开口处就会伸出两条布满肉质倒刺的交接器来，雌性则没有这种现象，这一方法，即使是对于蛇的幼体来说，同样是非常有效的。

正确鉴别蛇的雌雄对于众多的蛇类养殖场来说是一件必不可少的工作，因为养殖场对于雌雄的搭配比例有很高的要求，否则，不论雌雄一概收进来，到了繁殖季节就可能会产生麻烦。

关键词：雄蛇　雌蛇　半阴茎

# 为什么打蛇要打"七寸"

打蛇要命中要害。俗语说"打蛇打七寸",然而也有人说"打蛇打三寸"的。尽管说法不同,但这里却有一个共同点——打蛇的致命部位。

当动物的脊椎骨受重伤时,为脊椎骨所保护的脊髓也就会遭受严重的伤害,神经中枢和身体的其他部分的通道就被阻断。伤害越近头部,影响也就越大。要是你打在它的尾巴上,对它的生命就无影响。

或许有人会问:"那就干脆打脊椎骨得啦!为什么要有'三寸'、'七寸'的说法?"原来"三寸"处的脊椎骨被打伤或打断,它就无法抬起头来咬你了;而"七寸"却是它的心脏所在,一受到致命重击,自然必死无疑。

当然,这"三寸"、"七寸"也并不是每条蛇都一样的,因蛇的种类、大小不同而有所差异。

见蛇就打,仿佛成了人们的习惯。

蛇类中确实有不少毒蛇,著名的有五步蛇、蝮蛇、眼镜蛇、银环蛇等等,被咬后,足以使人丧命。可是有些蛇类,如火赤链、乌风蛇、黑眉锦蛇等,它们不仅无害,还能帮人捕鼠,为我们除害呢!即使是毒蛇,它也是遵循"人不犯我,我不犯人"的原则,不会主动攻击人的。

👉 关键词:**脊椎骨**

# 蛇为什么能吞下比它头
# 大得多的食物

"贪心不足的区区小蛇,它张着嘴巴,龇牙咧嘴地想吞下硕大的巨象……"

这是一个"蛇吞象"的寓言。吞得下吗?当然不能。这是讽刺那些贪心不足而不自量力的人。

虽然蛇吞不下象,可是它能够吞下比自己头部大得多的动物,这却是千真万确的。考察过蛇岛的专家,曾见到蝮蛇吞食比它头部大十来倍的鸟儿。在我国海南岛捕到的蟒蛇,发现有能吞食整头小羊、小牛的情况。即使一般的蛇,它也能吞食

比它脑袋还要大的老鼠!

蛇为什么有这么大的本领呢?

试拿一把烧火用的夹钳,你无法把它的"嘴巴"张大到上下两爿都在同一直线上,也就是说,无法将它们的夹角拉成180°。然而你若将这把夹钳拆成独立的两爿,中间加一支撑物,同时两爿之间绕几根橡皮筋,那么,你不仅能把它的夹角拉成180°,甚至还可更大些。

蛇的嘴巴能够张大,和这情况也有些相似。像我们人类,嘴巴夹角只能张大到30°,可蛇却能张大到130°!原因是蛇类头部与开合有关的骨骼,和其他的动物不同。首先,它的下巴(即下颌)可以向下张得很大,因为蛇头部接连到下巴的几块骨头是可以活动的,不像其他动物那样与头部固着不动。其次,蛇左右下巴之间的骨头,连接成可活动的榫头(我们人的下巴处的骨头没有榫头,左右成了一块),左右以韧带相连,可以向两侧张大,因此,蛇的嘴巴不但上下可以张得很开,而且左右也不受限制,能在一定程度内扩开得很大,这样就可以吞食比它嘴巴还大得多的东西了。

尽管蛇的嘴型很巧妙,但在吞食前,还是要将捕获物进行一番加工:它将动物挤挤压压地弄成长条,在吞咽时,靠钩状牙齿的帮忙,把食物送进喉头。蛇的胸部由于没有串连住肋骨的胸骨,肋骨可自由活动,所以从喉头下咽的食物,长驱直入地进入可以胀大的肚皮;同时,蛇还会分泌出大量的唾液,它的作用就相当于帮助吞咽的"润滑油"。

关键词: 蛇　吞食

186

# 为什么响尾蛇的尾巴会发声

在美洲的某些地区,常会听到一种"嘎啦嘎啦"的声音,没有经验的人以为这是溪水发出来的流水声,可是在这声音的四周,却没有小溪。原来,这不是什么流水声,而是由一种毒性极强的蛇,用它的尾巴剧烈地摇动而发出的响声,这就是大名鼎鼎的响尾蛇。

为什么它的尾巴会发出响声呢?

大家在观看篮球比赛时,总看到裁判吹的哨子吧!它是一个铜壳子,里面装上一层隔膜,形成两个空泡,当人用力吹时,空泡受到空气的振动,就发出响声。响尾蛇尾巴也有类似的构造,不过它的外壳不是金属,而是由坚硬皮肤形成的角质层,围成了一个空腔,空腔内又由角质膜隔成两个环状空泡,也就

是两个空振器。当响尾蛇剧烈摇动自己的尾巴时,在空泡内形成了一股气流,随着气流一进一出地往返振动,空泡就发出一阵一阵声音来。

为什么响尾蛇要发出声音呢?有人认为,它利用这种像溪流似的水声,来引诱口渴的小动物,所以这也是一种捕食的方法。

关键词:**响尾蛇　尾巴**

# 为什么有些龟常常放而不生

我们常常可以在一些寺庙中找到一个个放生池,那是专门为善男信女们放生一些动物所特意准备的,龟就是这些好心人放生较多的一类动物。有时候,因为龟的个体太过硕大,人们还专门驱车把它们带到一些大湖中去,比如杭州的西湖、无锡的鼋头渚等等。

不幸的是,人们的好心好意有时候并没有得到相应的回报,一些龟,特别是大龟,在经历了短则几个星期,长则几个月的生活后纷纷死去。这些大龟为什么会放而不生的呢?

问题不是出在放生的人身上,而是放生的对象,所以,我们得从这些大龟本身说起。长期以来,乌龟在民间一直是健康长寿的代名词,在我们中国人的印象中,一只乌龟如果能够长到 10 千克以上,一定是百年,或者千年的寿龟了,所以,当有人拿着如此巨大的乌龟叫卖时,免不了要被很多人认为奇事一桩,从而出巨资予以解救。其实,这一类大龟在东南亚一带是极为普通的种类，它们有着先天独特的优势——龟蛋特别大，大如我们熟知的鹅蛋；它们还有着后天优越的生长条件——环境温度高，高得使它们没有了一般乌龟必须经历的冬眠。这些龟在大湖、深潭之中，终年过着悠闲的生活，因此，生长也就特别快，个体当然就格外地大，短短的十几二十年后，就可以长到 10 千克左右了。

近年来，由于乌龟在中国的消费市场上备受宠爱，商人们为利益所驱使，开始大肆贩运东南亚商品龟进入市场。从商品的角度出发，龟当然是越大越好，于是，大龟就成了人们捕猎的首选目标。我们知道，乌龟是没有牙齿的，它们进食采用的是吞咽的方法，猎捕者利用乌龟的这一生活特性，采用垂钓的办法来诱使乌龟上钩。可怜的乌龟，就这样把大大的钩子吞进了消化道里。因此，我们在市场上看到的这些大龟，虽然相貌堂堂，其实它们肚子里都埋藏着一个或几个这样的钩子。

但是，除了商人们以外，大多数的人并不知道其中的奥秘。当好心的人们出钱买下巨龟，放生到深水大湖中去的时候，还希望巨龟们能够从此获得自由呢! 令人遗憾的是，消化道中的大钩不但直接影响了乌龟的进食，而且造成的创伤会使消化道逐渐溃烂。虽然乌龟有着惊人的忍耐力，但是，几星期、几个月以后，终究免不了死亡的结局。即使有个别生命力极其顽强的个体利用先前吃下的水草，并依靠肠胃的蠕动慢慢排泄出钩子，但由于大多数爱好者并不能提供给它合适的生活环境，冬去春来，巨龟们还是要面对死亡。

这就是所谓的巨龟放而不生的原因。当然，对于其他种类来讲，放生不能成功主要还是没有掌握它们的生活习性，比如把陆龟放生到水里，把南方的种类放生在环境温度相对较低的北方来等等。总而言之，要真正达到放生的目的，必须对放生动物的生活习性有彻底的了解。

# 为什么龟的寿命特别长

在动物世界里，人们都说龟的寿命最长，所以龟有"老寿星"的称号。

那么，龟的寿命究竟有多长呢？根据报道，有一位渔民曾抓住一只海龟，长1.5米，重90千克，背甲上附着许多牡蛎和苔藓，估计寿长700岁。

估计数不能精确反映龟的实际寿命，有记录可查的才是较准确的。

在上海自然博物馆里,保存着一只大头龟,它背甲上刻有"道光二十年"(1840年)字样,这分明是为了记事用的。这一年,中国发生了鸦片战争。这只大头龟是1972年在长江里捕获的,从刻字那年算起,到捕获的时候为止,这只龟至少已活了132年了。

那么,龟的寿命为什么如此长呢?

最近,一些科学家从细胞学、解剖学、生理学等方面去研究龟的长寿秘密。有的科学家选了一组寿命较长的龟种和另一组寿命不太长的龟种,作为对比实验材料。研究结果表明,一组寿命较长的龟细胞繁殖代数普遍较多,而另一组寿命不太长的龟细胞繁殖代数普遍较少。这说明,龟的细胞繁殖代数的多少,同龟的寿命长短有密切的关系。有的科学家认为,龟的长寿,同它们的行动迟缓、新陈代谢较慢和具有耐饥耐旱的生理机能有密切关系。

根据动物学家和养龟专家的观察和研究,一般认为,个头大、吃素的龟要比个头小、吃肉或杂食的龟寿命长。比如,生活在太平洋和印度洋热带岛屿上的象龟,是世界上最大的陆生龟,它以青草、野果和仙人掌为食,寿命特别长,可活300岁,是大家公认的长寿龟。

龟虽然是动物中的"老寿星",可是不同种类的龟,它们的寿命是有长有短的。有的龟能活100岁以上,有的龟只能活上15岁左右。即使是一些长寿的龟种,事实上不可能都"寿长百岁"的,因为从它们诞生的那天起,疾病和敌害时刻在威胁着它们的生命。

☞ 关键词: 龟寿　象龟

191

# 为什么变色龙善于变色

变色龙的科学名称叫避役,是一种爬行动物,生活在马达加斯加、非洲大陆、小亚细亚、印度等地树林中。它常静悄悄地在树枝上等待,左右眼能向不同的方向转动,进行窥视。当昆虫飞近时, 它就将端部膨大、能分泌粘液的长舌头迅速地伸出,以粘捕昆虫。

变色龙之所以有这个奇怪的名称, 是因为它的体色善变。那么,它为什么会变色?在什么条件下变色呢?

现在已经知道,在它的生存环境中,如光线、温度、湿度发生变化, 或受到惊吓等影响, 它皮肤内的色素细胞会发生迁移,因而引起颜色的改变。这是动物生活在自然环境中的一种适应性。

在变色龙的表皮与真皮之间,有着分散的色素细胞,受到神经与激素的控制,表现出深浅不同的颜色。由于各种色素细胞的活动,以及相互之间的作用,会呈现出各种颜色的变化。如当黑色素细胞扩张的时候,皮肤深暗,黑色素与金黄色素两种细胞同时收缩,皮肤上显现灰色或蓝灰色。黑色素细胞里含有细胞核及称为黑色素的黑褐色小颗粒。色素颗粒可以在细胞里流动,当扩展开来时,皮肤显现出较深的颜色。黑色素细胞也可以像变形虫一样地运动伸出伪足, 当伪足收缩时体色浅淡。白色素细胞在不同强度光线的照耀下,皮肤上反映出灰褐色或蓝灰色。金黄色素细胞能够使皮肤变成金黄色或绿颜色。红色素细胞的舒张与收缩,能调节红色的深浅与分布。有人曾做过一系列的试验,当变色龙在强光照耀下,体躯颜色浅淡；置于黑暗的环境中，体色加深。也有些人认为当温度升高时，引起色素收缩，皮肤颜色变得浅淡；温度降低后，皮肤色素展开，皮肤颜色深浓，干燥时肤色苍白。还有，受到各种化学药品的影响，也可以使动物变色。除了多种多样的自然因素直接影响外，变色龙体内所分泌的激素，对于它的变色有很大的作用，而且分泌量的多少与神经刺激的不同情况非常有关系。所以避役皮肤颜色的变化，也是间接地受神经系统控制的。

关键词：变色龙　避役
　　　　伪装色　色素细胞

## 除了伪装色外，
## 变色龙还有哪些御敌本领

　　变色龙最常用的抗敌法宝，就是改变身体颜色进行伪装，以对敌害进行警戒与迷惑。有时候，它全身呈现出五彩缤纷的

色彩，使来犯者敬而远之；有的时候，它将身体颜色变得与周围环境很相似，使敌害无法发现，起到迷惑作用。

不久前，美国加州大学进化生物学家乔纳森·洛索斯在非洲马达加斯加岛考察时发现，变色龙除了用变色来对付敌害外，还有两个"秘密武器"：

有一次，乔纳森在树林中行走时，被突然从树上掉下的怪东西吓了一跳，定睛一看，原来是一条紧绕着一段树枝的变色龙。这是怎么回事？他再向上看，才明白，原来树上有一条大蛇。变色龙碰上敌害后，会身子一蹬，来个"金蝉脱壳"之计，折断树枝落地。

变色龙的第二个"秘密武器"是善于威吓敌人的"空城计"。当变色龙在地面上慢慢爬行时，显得十分笨拙可笑。此刻，如果碰上猛兽，人们猜想它既逃不快，又无力招架，必然成为猛兽的腹中之物。其实不然，有人曾亲眼目击，一条变色龙遇上一群凶猛的野狗时，它会立即吸气，使全身膨胀变大，同时嘴里发出"嘶嘶"的怪声音，吓得群狗不敢接近，就在敌人惊恐之际，变色龙乘机溜之大吉。

关键词：变色龙　警戒　伪装

# 鳄鱼为什么流泪

传说凶猛的鳄鱼在吞食那些弱小动物的时候，会流出"悲痛的眼泪"。所以，很早就有了众所周知的谚语"鳄鱼的眼泪"，并常常用这句话来讽刺那些伪君子。

鳄鱼是会"流泪"的，而且"泪水"很多，这是一种自然现象，并不是它在发慈悲，也不是什么怜悯，只不过是在排泄体内多余的盐分。

肾脏是动物的排泄器官，而鳄鱼肾脏的排泄功能不很完善，体内多余的盐分，要靠一种特殊的盐腺来排泄。鳄鱼的盐腺正好位于眼睛附近，每当鳄鱼在吞食那些猎物的时候，同时在眼角附近淌下盐水来，因而被误认为是鳄鱼在流"悲痛

的眼泪"了。

除鳄鱼外，科学家还发现海龟、海蛇、海蜥和一些海鸟身上，也具有鳄鱼那样的类似盐腺。这些海洋动物的盐腺构造几乎一样，中间是一根导管，并向四周辐射出几千根细管，跟血管交错在一起。它们把血液中的多余盐分离析出来，然后通过中央的导管排泄到身体外面，导管开口在眼睛附近。盐腺除去海水中的多余盐分，动物得到的是淡水。所以，盐腺成了动物的天然"海水淡化器"。

海水是不能喝的，所以船只在海上航行，必须装上许多淡水。不过，这样就使船只的有效负荷下降。如果装上海水淡化器，船只在海洋航行可以少带淡水，但限于技术复杂，而且费用昂贵、效率低，目前不能根本解决问题。因而人们正在设法模拟鳄鱼的盐腺，制造出一种体积小、重量轻、效率高的海水淡化器。

☞ 关键词：鳄鱼　盐腺　海水淡化器

# 为什么雄鸟通常比雌鸟美

在人类社会中，对于外表美的追求，女人远远胜过男人，漂亮鲜艳的服饰，几乎成了女性的专利。但鸟类却正好相反，大多数雄鸟雄伟美丽，具有艳丽夺目的羽毛，而雌鸟则显得矮小灰暗，不引人注目。

例如我国山区常见的雉，俗称野鸡，雄雉打扮得花枝招展、五光十色，眼睛红得像火，脖子处长出一圈银色羽毛，紫红色的腹部，天蓝色的腰，尾部还有几根特别长的黄褐色羽毛。而雌雉则朴素极了，仅仅在土黄色的羽毛上有一些黑褐色的斑块。

为什么雄鸟通常比雌鸟美丽呢？动物学家告诉我们，由于大多数鸟类实行"一夫多妻"制，漂亮的羽毛与悦耳的鸣叫声一样，成为雄鸟吸引雌鸟的有效手段。当雄鸟具备了艳丽动人的外表，便可能赢得更多的配偶，这对于生存竞争显然是有利的。

在绝大多数的鸟类中，雌鸟往往承担孵卵和育雏的重任。由于雌鸟孵卵时要长时间呆在鸟巢中，如果羽毛过分亮丽，很容易成为敌害捕食的对象，而灰暗的羽毛与周围环境很相似，就不容易暴露，有利于保护自己，有利于安心地哺育幼鸟。

总而言之，大部分雄鸟比雌鸟美丽，与鸟类的求偶和繁殖习性息息相关，这是长期适应环境的结果。

关键词：雄鸟　雌鸟

# 为什么鸟类的嘴形
## 各式各样

鸟类的嘴形，像其他动物一样，生得各式各样。例如，仙鹤的嘴细长而大，对于浅水涉食和夹紧滑溜溜的鱼虾，显得特别强而有力。鹦鹉特别硬厚的上嘴，很像剖开的半个牛角，这对压裂干果非常有利。交嘴雀交叉着的特殊嘴型，对于钳出球果里的松子十分有用。鹈鹕的下嘴上，带着一个很宽大的兜子，当它捉到大鱼后，就有了一个很好的容器。

食虫鸟的嘴，一般细长而尖得像钢针，适合于吃幼小的虫子。例如，鹪鹩、柳莺之类，它们生性特别活泼，专爱吃刚从卵里孵化出来的幼虫，或果实的虫眼里、叶腋里潜藏着的小幼虫，而且食量非常大，每天能吃掉比它们体重还多的昆虫幼虫，对菜园、果园的贡献很大，可说是消灭害虫的先锋了。

如鹎、鸫这类鸟的嘴，不仅尖而细长，而且上嘴末端有点儿向下弯曲，能把树皮缝和土壤里的虫子掏出来。

和鸫差不多大小的伯劳，嘴形显得比较粗短，而且上嘴的末端向下钩曲，适于撕裂动物的肉体，它不仅能消灭大甲虫、大毛虫，还能吃小型啮齿类动物和其他小鸟。

还有一些大型的食肉鸟

类,如鸮,它们的嘴非常强大,而且嘴端的钩很尖锐,以捕食各种老鼠和其他鸟类为主,甚至大型兽类的尸体也能撕碎。不过,它们的主要食物是田野里的老鼠,例如,长耳鸮每天能消灭 3~4 只老鼠,是保护庄稼的好助手。

燕子的嘴扁而阔,呈三角形,张开以后,则成为平行四边形了。由于嘴张开以后的面积很大,所以当它们在空中疾飞的时候,空中的蚊虫之类,就会大量地落到它们的口中。因此,燕子成了消灭空中蚊虫的能手。

最值得注意的是有些小鸟,如麻雀、朱雀等,它们的嘴小而粗短,呈三角锥状,对于啄食谷物种子特别拿手。

由此可见,鸟类各式各样的嘴形,与它们的生活环境、特别是所吃的东西密切相适应。所以,各种式样的嘴形,是动物求食活动长期发展的结果。

关键词: 嘴形　鸟类

# 地球上有过凤凰吗

凤凰,这是画家常爱画的题材,目前还有一些商品以凤凰作为商标,如火柴、自行车等。画面上的凤凰是只长颈的大鸟,全身被覆着五彩斑斓的羽毛,颈部布满丝状的羽毛,闪耀金光,有着鸡的嘴巴、双脚和长尾巴……古书上说它的鸣声,颇似吹箫弄笙的音响。

在不少古书上,还记有一种名叫鹏鸟或大鹏鸟的鸟儿。这实际上也就是凤凰。民间传说,凤凰飞时有无数鸟儿跟着它飞,所以用表示集群的"朋"字来表明这个特点。可是,因为它是鸟儿,就在"朋"字旁再加上个"鸟"字。事实上,在古代的《说文》、《字林》等书上就十分明确地肯定这一点:"朋"字就是古文中凤凰的"凤"字。

在自然界中,要找到完全像古书中和画面上所描述的那种凤凰,是根本不可能的。根据中外学者研究后肯定:所有凤凰的形象,实际上是古人把雉鸡美化和神化而成的。

雉鸡,又叫山鸡或野雉,在我国分布得很广。雄雉身体较大,姿容轻健,颊部色红,羽毛绿色,多杂彩,有金属光泽,尾羽很长,有美丽的黄斑。雌雉身体较小,体羽大多呈茶褐色。

人们塑造凤凰形象的素材,当然是以美丽的雄雉为蓝本,而不是取其貌不扬的雌雉。

实际上,古书上也有将凤凰叫做"鹝鸡"、"鸡趣"的。唐代诗人李白,更明白地告诉我们:"楚人不识凤,重价求山鸡。"把山鸡当做凤凰,可见凤凰是雉鸡的概念早在古代就为不少人所认可的了。

不过,也有一些人认为:凤凰是远古时候生存过的一种雉科鸟类,后来因环境的改变,对它生存不利以致灭绝。但是,历史上,直到距今 600 多年前的元代,仍记载着有凤凰的出现,可见灭绝的说法似乎可能性较小,何况至今我们还没有发现过凤凰的化石,更没见过完全像传说中的那种"凤凰"。因此,绝大多数动物学家认为凤凰是属于雉鸡一类的鸟儿。

关键词:凤凰　雉鸡

# 鸟是怎样睡觉的

鸟类是怎样睡觉的?睡的姿态如何?在什么地方睡觉?每天睡多长时间?这些都是人们想知道的问题。

其实,鸟类如同人一样,在白天也有"午睡"现象。

当你步入动物园水禽馆时,你会见到许多艳丽多姿的雁鸭、天鹅等,有的在池中游荡,互相追逐嬉耍,有的忙于觅食,发出喧闹、嘈杂的叫声,呈现出一派生机勃勃的景象,使游客流连忘返。但到晌午时刻,你几乎听不到它们的叫声,看到的却是一对对鸳鸯和许多雁、鸭、天鹅,把头弯向背面埋入翼下,悠闲自在地漂浮在水面上,随风飘流;而伏卧在池边地面的雁、鸭、天鹅以及各种涉禽如鹭类、鹳类、鹤类、鹬类等,缩起一只脚,另一

只脚站立在池岸上，或闭目养神，或把头埋在翼下。它们都在"午睡"呢！

白天，你无论何时来到鸣禽馆，令人眼花缭乱的小鸟如相思鸟、画眉、山雀、朱雀等，都不停地在地面上跳跃或在树枝间来回飞蹿，似乎白天它们从不睡眠。但你只要稍加留神观察，还是能发现有些站立在树上的小鸟，正在闭目作短暂的"午睡"。

喜欢地面生活的森林鸟类如野鸡，在晌午，它经常在比较阴凉的地面上进行沙浴，有时干脆躺在沙坑上，或在隐蔽的灌丛中、大树根下睡"午觉"。但到晚上，它飞上树，在枝叶繁茂、隐蔽条件好的树枝上宿夜、睡觉。

猫头鹰是值夜班的猛禽，白天栖息于枝叶茂密的树枝上。有趣的是，你白天无论什么时候发现它，它总是睁一只眼，闭一只眼，站立在浓密的树枝上，一动不动地在那里睡眠。这是猫头鹰特有的睡眠姿态。

在自然界中的水禽(雁、鸭、天鹅等)和涉禽(鹭、鹤、鹳、鹬等)，除白天在觅食地有着短暂的"午睡"外，一到夜晚则飞回到夜宿地——苇塘、草地、灌丛或森林中过夜、睡眠。

大多数鸟类除孵卵育雏期睡在窝里外，一般都不在窝里睡觉。当雏鸟出壳能飞能跑时，它们便立即弃窝而走，再不回巢。

那么，鸟类一天究竟要睡多长时间，现还没有人专门研究过。但对个别鸟类如马鸡，人们曾作过观察，发现它天黑上树后的一小时内处于深睡状态。这时猎人用枪猎杀其中一只鸡，栖于同棵树上的其他鸡，并不惊飞，仍一动不动栖于原处；但过了深睡时刻，就比较容易惊醒，一受惊动，即四处飞散。

关键词：**睡眠**

# 鸵鸟为什么把脖子平贴在地面

鸵鸟的翅膀已经退化，没有飞翔能力，是一种善跑而不会飞的鸟。

早在 1891 年，美国《巴尔摩尔新闻》上报道，说鸵鸟遇到危急的时候，来不及逃跑，就把自己的头颈平贴地面，钻进沙堆里，以为自己什么也不看，就会太平无事了。人们讥笑鸵鸟的这种滑稽可笑行为，并用"鸵鸟政策"来形容那些不敢正视现实、自欺欺人的蠢货。实际上，这是人们误解了鸵鸟的真正目的。

鸵鸟生活在沙漠地带，那里气候炎热，阳光照射强烈，从地面上升的热空气，同低空的冷空气相交，由于散射而出现闪闪发光的薄雾。鸵鸟一旦受惊或发现敌情，干脆将潜望镜似的脖子平贴在地面,身体蜷曲一团,以自己暗褐色的羽毛伪装成蚁冢、岩石或灌木丛，加上薄雾的掩护，就很难被敌害发现了。鸵鸟在危急时把自己的头颈平贴地面,实际上是一种自我保护办法。

鸵鸟把头颈贴近地面,还有两个作用:一是可听到远处的声音，有利及早避开来犯之敌;二是可以放松一下颈部的肌肉,更好地消除疲劳。

南非的一个鸵鸟牧场技术工人波科克说，牧场饲养鸵鸟已有 80 多年的历史了，虽然它们有把脖子平贴在地面的行为,但却从未有鸵鸟把头埋藏在沙里的情况发生。要是鸵鸟真的把头埋进沙里,它们就会很快窒息死去。

☞ 关键词：鸵鸟

# 为什么鹭鸶、鹤等鸟类
# 常常用一只脚站立着

当我们在公园或动物园中欣赏鸟的时候,常能见到鹭鸶、鹤等鸟类只用一只脚站着。有些人感到很奇怪:为什么这些鸟用一只脚站着?

其实,这个问题很简单,只要我们留心观察一下,就可发现:这些鸟站在岸边、沼泽、泥泞和浅水地方休息的时候,才用一只脚站着。因为这时它们不活动,可以靠一只脚来维持自己身体的平衡。当它们站在湖塘中水较深的地方,或是低下头找食物时,从来也不用一只脚站立,而必须双脚着地。所以说,用

一只脚站着是在休息。

　　用一只脚站着休息的，除鹤、鹭鸶外，一般的游禽、涉禽、鸥类等，都有这种习性。它们在休息时，不是始终用同一只脚，而是右脚站了一会，就换上左脚，用两只脚交替站着，以免很快疲劳。除此以外，如果长时间在冰冷的溪水中，用一只脚站立，能减少身体热量的散失。

👉 关键词：**游禽　涉禽**

# 大雁飞行时为什么常常
# 排成"人"字形或"一"字形

大雁是冬候鸟，每到秋冬季节，就从它们的老家西伯利亚一带，成群结队，浩浩荡荡地来到我国南方过冬。

在长途旅行中，雁群的队形组织得十分严密，它们常常排成"人"字形或"一"字形，飞行时还不断发出"嘎、嘎"的叫声，用来互相照顾、呼唤、起飞和停歇。

大雁的飞行速度很快，每小时能飞 69~90 千米，但由于迁飞的路程太长，因此需要 1~2 个月才能完成全部旅程。在长途飞行中，大雁除了扇动翅膀，也常利用空中上升的气流滑翔，因为这样可以节省体力。当前面的雁鼓动翅膀，发出微弱的上升气流，后面的雁就利用这股气流的冲力，在高空中

滑翔。这样一只跟着一只,就排成整齐的"人"字形和"一"字形队伍了。

另外,大雁排成整齐的"人"字形或"一"字形队伍,也是一种集群本能的表现,因为这样有利于防御敌害。雁群常常由有经验的老雁当"队长",飞在队伍的前面,幼鸟和体弱的鸟,大都插在队伍的中间。停歇在水边找食水草时,总有一只有经验的老雁担任"哨兵"。如果孤雁南飞,就有被敌害吃掉的危险。

☞ 关键词: 大雁　上升气流　滑翔

# 为什么企鹅能抵御南极的严寒

人们说,南极是世界上最冷的地方。这话一点也没夸大。据科学家们多年调查记录:南极洲冬季的最低气温达

－88.3℃，个别记录曾达－94℃。

南极这种特殊恶劣的生活环境，使高等生物被迫退出这块地方。植物中除菌藻、地衣等低级生物，尚能苟延残喘以外，种子植物还没有被发现。动物界里，尽管白熊、海象等，可以耐受北极－80℃的低温，但在南极却没有发现过。

那么企鹅为什么能在南极安家呢？这得从企鹅的"家史"说起。首先，企鹅是最古老的一种游禽。它很可能在南极洲未穿上冰甲之前，就已经来此定居了。它的主食是鱼类、甲壳类和软体动物等。南半球陆地少，海洋面宽，可说是水族最繁荣的领域。这块充沛的食源地，就成了企鹅安家落户的好地方。

其次，这位南极的"老住户"，由于数千万年历代暴风雪磨练的结果，它全身的羽毛，已变成重叠、密集的鳞片状。这种特殊的"羽被"，不但海水难以浸透，就连零下近百度的酷寒，也休想突破它保温的"防线"。同时，它的皮下脂肪层特别肥厚，这对维护体温又提供了保证。

再说，南极洲没有食肉猛兽，因此，企鹅的安全就得到了保证。无怪乎当考察队或舰队在南极登陆时，企鹅不仅不知道害怕，反而结队相迎，对登陆人员表示亲切接待的样子。

☞ 关键词：企鹅　南极　皮下脂肪

# 为什么啄木鸟不会得脑震荡

在森林里，常可听到啄木鸟用喙"笃、笃、笃"啄击树木的声音。这是啄木鸟在给那些遭害虫侵袭的病树"治病"哩！

啄木鸟发现树木有虫时，就啄破树皮，以细长、能伸缩自如、前端倒生短钩并带有粘性涎沫的舌探入树内，钩出害虫，将其吞食。当捕捉树干深处的害虫时，它的头和树干几乎呈90°，一啄一啄，笃、笃、笃……从早到晚不停地敲击。如果在繁殖季节，它敲得更起劲，甚至还用击木声"对歌"争夺领域。

据调查，啄木鸟一天可发出 500～600 多次啄木声，每啄一次的速度达到每秒 555 米，是空气中的音速 1.4 倍；而头部摇动的速度更快，约每秒 580 米，比子弹出膛时速度还快。啄木时，它头部所受的冲击力等于所受重力的 1000 倍。为什么啄木鸟头部受到如此大的冲击力，却安然无恙，不发生脑震荡呢？

科学家解剖了啄木鸟的头部，发现其秘密在于它头部有一套严密的防震装置。啄木鸟的头颅非常坚硬，但骨质却似海绵，疏松而充满气体；颅壳内有一层坚韧的外脑膜，外脑膜与脑髓间，有一狭窄的空隙，可减弱震波的传

导。从头部的横切面显示,它的脑组织十分致密。再加上啄木鸟头部两侧还有强有力的肌肉系统,也起着防震作用。这样,啄木鸟啄树时不发生脑震荡也就可以理解了。

☞ **关键词:** 啄木鸟　防震装置　脑震荡

# 乌鸦究竟有多"聪明"

提起动物界的聪明朋友,黑猩猩、大猩猩、海豚都可以算是佼佼者,现在我们却要把乌鸦也算在内,乌鸦算什么呢?为什么这样说呢?先让我们来看一个例子。

在一些城市的十字路口,车来人往,川流不息,当信号灯由绿变红时,所有的汽车戛然而止,突然,一种叫做细嘴鸦的乌鸦一蹦一跳地向马路中间走来,它们要干什么?司机们顿时感到莫名其妙。只见细嘴鸦口中衔着一枚核桃,准确地放到汽车车轮的前面,然后回到马路边。转眼间,信号灯由红变绿,汽车向前方疾驶而去,核桃顿时应声而碎,此时,乌鸦眼急脚快,立刻飞到,开始了它的核桃大餐。乌鸦的这种本事,是不是与我们小时候利用门缝碾碎坚硬的核桃壳如出一辙?你看,人类能够想到的办法,乌鸦居然也做到了。

其实,乌鸦在吃一些比较坚硬的壳类食物时,通常会想一些办法,它们会衔着贝类飞到高高的树上,然后一扔了之,一次不行,就再来一次。当然,有的乌鸦也用这种方法对付核桃,只不过核桃更为坚硬,要扔碎它可能要反复多次,尤其到了冬天,皑皑的白雪犹如为大地铺上了一层棉花,这时候,乌鸦就来到公路上寻求汽车的帮助。

虽然不是所有的乌鸦都能够想到这一绝妙的方法，但根据科学家的统计，在日本有很多地方可以看到乌鸦的这一聪明举动，甚至美国也有这样的例子。那么，乌鸦是如何做到这一点的呢？科学家们推测，由于一些核桃树邻近公路，成熟的果实常常会掉到公路上，有些就被经过的汽车碾碎，细嘴鸦看到了这一现象，久而久之，触发了个别特别聪明的乌鸦的灵感，然后，其他乌鸦纷纷仿效，于是，让汽车来帮忙就成了乌鸦们的自觉行为。

乌鸦吃东西还有别的高招，比如，如果想吃河中的鱼，它会把树叶扔到水中，当鱼儿游向树叶的时候，细嘴鸦乘机实施捕捉，实际上，这就是对简单工具的一种利用。

当黑猩猩用草茎钓出深藏在洞穴中的白蚁时，我们会击掌欢呼，其实，乌鸦的本事相比它们一点也不逊色。这样看来，

自然界中的动物与人类之间的差异并不如我们想象的那样深如鸿沟。

☞ 关键词：乌鸦

# 孔雀为什么会开屏

凡是到过动物园游玩的人，都会被雄孔雀的漂亮羽毛所吸引，特别是孔雀正在开屏时，当它竖起了那金光灿烂的尾屏，昂首阔步地走着的时候，显得格外美丽。孔雀为什么会开屏呢?有人说孔雀开屏是与人"比美"，这个答案正确吗?

212

要回答这个问题，我们应该首先了解孔雀在什么季节开屏最多。动物学家告诉我们，孔雀开屏最盛的时候是在 3～4 月份，这个时候正是它们的繁殖季节，所以开屏现象和繁殖有密切的关系，是动物本身生殖腺分泌出的性激素刺激的结果，属于一种求偶表现。随着繁殖季节的过去，这种开屏现象就逐渐消失了。因此，把孔雀开屏说成是为了"比美"等，这不过是人们的主观猜测罢了。

　　孔雀开屏除了有助于求偶交配外，遇到敌害袭击时也会展开尾羽，尾羽上的一个个大眼斑，如同许许多多大眼睛，突然出现在敌人面前，起到吓唬对方的作用。类似这样的情况在鸟类中很常见，例如，老鹰、黄鼠狼等向带着鸡雏的母鸡进攻时，母鸡也会竖起它的羽毛和敌害作斗争。这种动作与孔雀开屏相似，属于一种防御反应。

　　有时孔雀的确会在穿着艳丽服装的游客面前开屏，但这并不是为了"比美"，而是因为大红大绿的服色，游客的大声谈笑，刺激了孔雀，引起它们的警惕戒备。这时孔雀开屏，也是一种示威、防御的动作。

关键词：孔雀　开屏　性激素　眼斑

# 海鸥为什么追随海轮飞

　　晴天，如果你到海滨去散步，抬头仰望碧海上空，常常可以看到银光闪闪的海鸥，展开双翼，非常平稳地跟随着海轮飞翔，仿佛系在轮船上的纸鹞一样。

海鸥喜随海轮飞,是否海轮上有什么神秘的东西,在吸引着它?是的,在海轮上空,有一股特殊的力,托住海鸥的身体,使它不用扇动翅膀,也能毫不费力地进行翱翔。

支持海鸥飞行的这股力,不是我们想象的那么神秘,也不是轮船本身产生的,而是天空中的大气。

大气怎样能变成力,托住海鸥身体呢?晴天大气非常平静,怎么会变成力?

大家知道,空气流动形成了风。由于大气中的气温差异,造成了空气团(风)的移动;尤其在大海里,当空气团移动时,在途中遇上障碍物(如海面上波浪、海轮和岛屿等),就上升形成一股强大的气流。这股气流称为动力气流,又称流线气流。海鸥展开双翅,巧妙地利用这股上升的气流托住身体,紧紧跟随着海轮翱翔。

海鸥的主要食物是鱼类。当海轮在航行的时候,在船尾激起一簇簇的水花,常常可以把海洋里的鱼翻打上来,成为海鸥的食物,这就是海鸥追随海轮飞的原因。

☞ 关键词: 海鸥　动力气流

# 为什么鹦鹉善于学人说话

鹦鹉不仅能学舌,而且学舌本领很高,既能讲中文,又能说多国语言,还会背唐诗和唱歌。

为什么鹦鹉善于学人说话呢?动物学家告诉我们,关键的原因是这类鸟舌根发达,舌尖细长柔软而又灵活,鸣肌比较发达，可以发出准确、清晰的音调，加上它们模仿能力和记忆力较强，所以在人类的驯养下，能够学人说话和唱歌，很受人们青睐。不过，科学家认为，不管鹦鹉能说出多少句人话，这仅仅是称作效鸣的模仿行为，是一种条件反射，它们绝不可能像人类那样，懂人语的含义。

其实，除了鹦鹉之外，鸟类王国中还有一些其他成员也具备这样的本领。例如较为常见的八哥、鹩哥等，经过长期训练后，学人说话唱歌，也能够达到维妙维肖的程度。

☞ 关键词：鹦鹉　效鸣

# 为什么鸽子能从遥远的
# 地方飞回自己的家

养过鸽子的人都知道，鸽子善于长途飞翔，而且不会迷路，这其中有什么秘密呢？这个问题引起了许多科学家的兴趣。

经过长期探索研究，有的科学家认为，鸽子除去有一般鸟类适于飞行的特点以外，它们两眼之间的突起处，在长途飞行中，能测量地球磁场的变化。他们把受过训练的20只鸽子，其中10只的翅膀上装了小磁铁，另外10只装上铜片，放飞的结果是：装铜片的鸽子在2天内有8只回家，可是带磁铁的鸽子，4天后只有1只回家，并且显得筋疲力尽。这说明装在鸽子翅膀上的磁铁产生了磁场，与地球原有的磁场混淆起来，这样，鸽子便不能辨认方向，飞回自己的家了。

科学家在研究中发现，鸽子除了能利用地球磁场来"导航"，还能根据太阳光来导航。科学家认为，这是鸽子体内的"生物钟"对太阳的移动进行校正，选择方向。它还能检测偏振光，只要不是天空中布满浓浓的乌云，就能把太阳当"罗盘"使用。

由此看来，鸽子从遥远的地方飞回自己的家，是因为它具有多种辨别方位的本领。在阴雨天，鸽子无法知道太阳的位移，可以按照地球磁场来"导航"，天晴时，则利用太阳作为"指南针"。除此以外，一些科学家还发现，鸽子能利用气味来充当寻找归途的线索。

因为鸽子有长途飞行认路回家的本领，所以自古以来，人们就利用鸽子，在航海、捕鱼或军事上担负通信工作。1916年6月5日，法国乌鲁要塞通信设备被德军炮火击毁了，情况十分危急，幸亏还留着一只信鸽，把它放飞求援，不久援军赶到，才保住了要塞。即使在通信技术高度发达的今天，利用信鸽传递军事情报，仍有重要作用。

鸽子长途飞行，是经过主人逐渐训练获得的。训练幼鸽可不能心急，应该先让幼鸽熟悉周围的环境，以后在它们饥饿时,携带出去放飞训练。最初几次距离要短,幼鸽飞回以后,要立刻让它们吃饱,还要准备一盆水,让它们洗澡休息。幼鸽长大以后,身体慢慢强壮起来,放飞的方向、地点都可以变更,距离也可加长。优良的信鸽还可以训练在夜间飞行哩!

关键词: 鸽子　磁场　信鸽

## 筵席上的燕窝,是家燕的窝吗

燕窝不仅是筵席上的一道名菜,而且还是中药里的一味贵重药材。它的营养价值相当高,根据分析,含有多种氨基酸、糖、无机盐类等,对胃病、肺病、咳喘等患者及身体衰弱的人有很好的医疗效果和滋补作用。

有的人认为,燕窝就是普通家燕做的窝,其实并不是那么回事。家燕做窝,是用泥土、干草和口中的少量唾液胶粘而成的,这种"燕窝"与那精巧玲珑、作为珍品名药的燕窝相比,简直有天壤之别。这里所指的燕窝,是一种叫金丝燕做成的窝。

金丝燕生活在亚洲热带地区的海岛上,我国南海的岛屿上也有它们活动踪迹。它体长约18厘米,暗褐色的羽毛间闪现出金丝光泽,首尾犹如燕形,因而得名金丝燕。金丝燕喜欢群居,喜欢把家安在海岸或海岛背山临海峭壁上深暗的岩洞中,常常成百上千只居住在一起。

金丝燕虽然名字中也有个"燕"字,可是与我们常见的家燕亲缘关系远极了,它们既不同科,也不同目。家燕属于雀形目燕科,而金丝燕属于雨燕目雨燕科。

每年春天，金丝燕开始做窝繁殖后代。它的咽部有非常发达的舌下腺，能分泌出很多有黏性的唾液，这是做窝的主要材料。它们把唾液从嘴里一口一口吐出，积少成多，在山洞潮湿的空气中，这些唾液自然凝结干固起来，经过 20～30 天，一个洁白晶莹、直径 6～7 厘米、深 3～4 厘米、形状如碗碟一般的小窝做成了，这就是燕窝。

　　金丝燕在一年中能做几次窝。第一次做窝完全是由唾液凝成，颜色雪白，营养价值最高，是燕窝中的上品。当人们把第一次做的燕窝采去以后，它们便毫不犹豫地立即开工，着手做第二次窝。然而这次唾液已没有那么多了，金丝燕只得把身体上的绒毛啄下，和着唾液粘拌而成，这种窝质量较为次之。当第二次窝又被采走后，勤劳的金丝燕会接着赶做第三次窝，这次就更为困难了，唾液只剩下很少一点，身上的绒毛也不多

了,但顽强的鸟儿并不气馁,它们飞到海边一口口衔来海藻和其他植物纤维,混以少量的唾液,再一次把窝做成。当然,这种窝的质量就更差了。此时,采窝人也就适可而止,不再继续采了,否则便会影响下一年燕窝的产量。你看,金丝燕用唾液点点滴滴积聚起来做窝,是多么花费时日的工程啊!

☞ 关键词:燕窝 金丝燕 舌下腺 唾液

# 鸡和鱼的肌肉为什么有红有白

在餐桌上,当你夹起一块白斩鸡或清蒸鱼时,常会发现有些肌肉呈浅红色,有些肌肉呈灰白色。呈浅红色的肌肉较细嫩,而灰白色肌肉却粗糙些。

同一个个体的肌肉,为什么会有不同颜色呢?这要从肌肉的组织结构、成分和生理功能来分析。

一块肌肉由许多肌细胞组成。肌细胞有两种,一种肌细胞较狭小,内含肌浆较多,肌原纤维较少,所含的肌红蛋白、脂肪较多,肌糖元较少。这种肌细胞的代谢为需氧代谢,能持久维持收缩,其脂肪和肌糖元充分氧化分解为水和二氧化碳,不易疲劳。因为肌红蛋白和血液供氧较多,由这种肌细胞组成的肌肉呈浅红色,称为红肌。另一种肌细胞较大,肌浆少,肌原纤维多;肌红蛋白和脂肪含量低,肌糖元含量高。这种肌细胞可进行厌氧代谢,收缩快而有力,但因脂肪及肌糖元未能充分氧化为水和二氧化碳,常有乳酸、丙酮酸和磷酸酯等中间产物积累,易于疲劳,所以不能持久维持收缩。由于这种肌细胞含肌红蛋白少，血液供应亦少，所以组成的肌肉呈白色，称为白肌。这两种肌肉在鸟类和鱼类中都有，但它们所处位置和数量有差异。

鸡的祖先为原鸡，经过驯化，失去了飞翔能力。它们大多数时间在地面用后肢支持身体行走。因此，鸡的红肌多集中在腿部，胸肌及其他部分则为白肌。善于飞翔的鸟如家鸽以及其他迁徙性鸟类，胸肌多为红肌，这样，在空中能持续地收缩，鼓动两翼，推动身体前进。

鱼类也有红肌和白肌的区分。凡在水中保持身体弯曲不断游泳的鱼，如金枪鱼、鲭、鼠鲨和鲭鲨等，躯干部红肌较发达。而运动缓慢，底栖或在礁石中生活的鱼类，如鲤鱼，躯干部多为白肌，或仅仅局部有些红肌。

在有些动物及人体的骨骼肌中，白肌细胞和红肌细胞相杂组成同一块肌肉，所以没有明显的白肌和红肌之分。

☞ 关键词：红肌　白肌　鸡　鱼类


# 鸡为什么喜欢吃小石子

对于鸡来说，稻谷和麦粒等，真可算是"山珍海味"的了。然而，你尽管用这些食物去喂养，它们仍然会东啄西挖，寻找小石子或砂粒吃。

鸡为什么会有这种怪脾气？其实，并不是因为鸡爱吃小石子，也不是因为鸡有着一只能够消化砂石的怪胃，只不过是利用砂石来帮助消化食物罢了。

大家知道，我们人或猫狗等动物，食物在胃里被消化之前，总是要用牙齿先把它嚼碎。可是，鸡和别的鸟类一样，是没有牙齿的，需要依靠其他东西帮助磨碎食物，小石子就起这样的作用。

　　当我们在杀鸡的时候，剖开鸡肚之后，可以找到一个俗称鸡肫的部分，这部分在动物学上叫做肌胃或砂囊，许多小石子就贮存在鸡肫里。鸡肫是极坚韧的，而鸡肫的内壁，还有一层黄色而坚韧的皱皮。

　　当食物进入鸡肫之后，它们就和小石子混合在一起。鸡肫是只用厚厚的肌肉组成的袋子。在鸡肫的用力蠕动下，挤啊，磨呀，砂石的棱角摩擦着食物，过一会儿，食物很快被磨成碎糊了！

　　何况，食物在进入鸡肫之前，已经在嗉

嗉(食道的膨大部分)和腺胃(鸡肫前面的一个胃)储存过一段时间,受到种种消化液的作用,初步"加工"成比较软的食物了。

动物中,不仅鸡有吃小石子的习性,鸽子和其他鸟类也有这种怪"脾气"。

关键词:鸡　鸡肫　肌胃　砂囊

## 母鸡生蛋后,为什么会咯咯地叫

母鸡生蛋后,大多会咯咯地叫。

母鸡生蛋的叫声,是一种兴奋的表现。因为生一只蛋不是简单的事情,特别是母性强的鸡,在产蛋窝里生蛋的时间都比较长,一般最短也得 10～20 分钟,时间长的,会孵上 4～5 小时才生下一只蛋来。

刚进产蛋窝的母鸡,如果你去捉它,它会很快地逃出来;但是等到孵了一定时间,即使你去捉,它只把毛竖起,用嘴啄你的手,也不愿起立。因为这时候鸡蛋已经到了泄殖腔口(肛门口),母鸡正在集中精力准备把它生下。

由于母鸡生一个蛋要消耗不少体力,所以等到生好蛋,经过一定时间的休息,它才离开窝。这时候,它的精神呈兴奋状态,因此就咯咯地叫个不停。

母鸡的叫声还有个作用是引诱异性。如果你到过养鸡场,常常可以发现公鸡等在蛋窝的旁边,当母鸡离开蛋窝咯咯鸣叫的时候,它就会上去交配。根据多次研究,这个时候交配,隔日生的鸡蛋最容易受精，也就是说容易孵出小鸡来。

关键词：母鸡　生蛋

# 鸡蛋的两端为什么一头大一头小

每个人都吃过鸡蛋，也很熟悉鸡蛋，它的形状如同一个两端不平衡的椭圆形，可为什么鸡蛋的两端会一头大一头小呢？要了解这个问题，应该先知道鸡蛋在母鸡体内形成的过程。

鸡蛋的构造，大体上分为蛋黄、蛋白、壳膜和蛋壳等4个部分。

蛋黄是在卵巢中形成的。当蛋黄成熟后就离开卵巢，从输卵管的上端喇叭口进到输卵管中，向下移动到输卵管的膨大部。这里能分泌大量蛋白质，包在蛋黄的外面，形成透明的一厚层蛋白。大约2~3小时后，它从膨大部受挤压进入狭部，并在此形成了壳膜。再经过1个多小时后，它又被压进子宫（壁厚、有发达的肌肉结构），蛋壳在此形成，整个鸡蛋就形成了。这个鸡蛋在形成过程中要在子宫里停留18~20小时，而后由于子宫肌肉收缩，经过泄殖腔排出体外，也就是我们常说的鸡生蛋。

以上这个过程，使我们明白了一个问题：

鸡蛋所以会一头大一头小，是由于鸡蛋在形成过程中受到上端输卵管逐段挤压，卵向前（向输卵管的下端）移动的机械作用所形成的。被挤压的一端，蛋白和壳膜被挤向左右，因而扩大，在壳形成后，大的一头就固定下来了。和大头相反的一端，也就是蛋向着输卵管的下端，由于它向前挤着输卵管，使输卵管张开，便于向子宫移动，因此这一端在移动过程中，由于受到输卵管对蛋的内向挤压力的作用，在壳形成后小的一头也就定形了。此时蛋在子宫中，小的一头朝着鸡的尾巴方向，而大的一头是朝着相反的方向。

关键词：**鸡蛋**

## 怎样辨别小鸡雌雄

刚出壳的小鸡好似一个有生命的绒团，但是，这些小鸡看上去都差不多，有什么诀窍能区分出它们的雌雄呢？

从外形上辨认，头部略微狭长，腿脚比较细短，身子较矮，头颈较短，屁股较圆，动作比较文静的小鸡，大多数是雌鸡。

用手捏住小鸡的双脚，倒提起来。这时，如果小鸡的头向胸部弯曲，身子向上使劲，乱扑着翅膀的就是雌鸡；如果小鸡的身体下垂，头部向前平伸，两翅张开但并不乱扑的，一般说是雄鸡。

还有，在平地上铺一层草木灰或其他粉末，让小鸡在上面走动。这时，在它走过的地方，印下一个个箭头似的脚印。如果"箭头"的方向是左右交叉的，是雌鸡；要是"箭头"的方向如同一条直线，同方向排列着，就是雄鸡。

最准确的鉴别方法是耐心翻开小鸡的肛门，如果在肛门内找到一个米粒大小的疙瘩(退化了的阴茎),是雄鸡;没有这个小疙瘩,有的甚至是凹陷的,那就是雌鸡。

关键词: **小鸡　辨认雌雄**

# 鸭子走路为什么老是一摇一摆

鸭子走路时,脖子伸得长长的,挺着胸,一摇一摆地往前走。为什么鸭子以这样的姿态走路?要了解这个问题,就需要从鸭子的生活习性方面去观察。

鸭子主要在水中生活,鸭脚的 3 个前趾之间有蹼,胸腹部宽广而平,这些特征是与鸭子在水中生活相适应的。

鸭子为了在水里游得快一些, 除了增大蹼脚与水接触的面积,以加大前进的推力外,脚的位置也稍向后移了。这样一来,鸭子登陆以后,托着长长的身体的双脚,不在身体的中央,而是靠后。鸭子如果要使身体处于水平状态,就会有向前倾跌的可能,因为重心不在双脚的中心。因此,鸭子就必须把身体后仰,使身体的重心向后移到双脚处, 以维持身体的平

衡。另外鸭子的脚比较短，向前走动时连身体也在摆动，所以，鸭子走起路来一般总是昂起头，挺起胸，一摇一摆地蹒跚而行了。

☞ 关键词：鸭子　平衡　蹼

# 家鸭为什么不会孵蛋

"春江水暖鸭先知"，在江南一带，每当气候逐渐暖和的时候，在池塘小溪里，成群的雏鸭在水面上欢乐地竞游，带来了春的早讯。令人感到奇怪的是，鸭子并非由它生身之母孵出的，而是由母鸡代孵或人工孵化的。为什么母鸭不孵蛋呢？

一般鸟类的繁殖是有季节性的。当自然环境的光照、温度、营养条件变得适于鸟类繁殖时，鸟类开始为繁殖后代做准备了。有的成群迁飞到一定地点，有的开始婉转鸣叫，有的忙于衔草营巢……最后雌雄交配，在巢内产卵，再由亲鸟抱孵。

家鸭的远祖是绿头鸭，我们通常称之为野鸭。绿头鸭在

我国虽分布很广，但到繁殖季节的早春，就成群迁飞到北方一带，在那里近水的草丛、土穴或枯树树洞中营巢产卵，每产4～12只后即停止产卵而开始孵化。如果巢或蛋被破坏，可再次营巢，孵一窝蛋。在北方，由于光照时间长，雏鸭可以取食更多食物，很快生长。到秋天，便成群飞回南方来越冬，次年春初又向北迁飞繁殖。

绿头鸭肉味好、卵期长，被人们驯养后，便失去了迁徙的习性。为了获得更多的蛋，人们不让它停产抱孵，还给以充足的光照和食物，以促进多产蛋。另一方面，养鸭人还会挑选产蛋量最多的鸭作为种鸭，这样，经过人工选择与培育的卵用鸭，年产蛋可达200～300个，比野生的绿头鸭产卵多得多，但却失去了孵蛋的本能。

关键词：家鸭　野鸭　孵蛋

# 为什么动物会给我们善或恶的感觉

童话中美丽善良的公主，总是有可爱的小动物陪伴着，这些小动物聪明活泼，仿佛天使一般；而许多小朋友，也对小狗小猫情有独钟。可是，也有一些动物，它们不仅在童话中扮演了恶魔的角色，而且历来受到人类的痛恨。那么，动物怎么会给我们这种善恶的感觉呢？

这个问题也引起了科学家的注意，他们经过大量的调查统计，发现人类对动物善恶的反应主要来自于三个方面：直觉、传统的习俗和长期以来形成的认识。

直觉是人对动物的第一反应，那些与人的体形、脸型比较相似的动物总是给我们以好感，比如猴子，虽然它顽皮捣蛋，有时候还会弄一些恶作剧，但千百年来人类对它的喜爱一直未变。而蛇那扭曲的身子与人格格不入，即使是非常漂亮美丽的无毒蛇，大多数人还是避之惟恐不及。

传统习俗也决定了人类对动物的好恶。比如喜鹊总是人们欢迎的对象，因为喜鹊象征着吉祥；而人们对乌鸦甚至连看都不想看一眼，因为在大多数人的眼里，乌鸦是倒霉的代名词。当然，由于习惯上的关系，不同的人对同一种动物的好恶感也会有所不同，比如乌龟，在一些人的眼中是长寿健康的象征，而在另一些人的眼里，却是畏缩懦弱的标志。

更多的情况下，人们对动物的好恶感来源于长期以来对它们的认识。比如苍蝇和蜜蜂，都是嗡嗡叫的一类昆虫，可是苍蝇传播病菌，滋生疾病，因此遭到人们的厌恶；而蜜蜂却传播花粉，成为受到人们尊敬的护花使者。

由此可见，人们对动物产生好恶感的原因是多方面的，长相当然越可爱越好，但是动物的习性和传统的习俗也是左右人们感觉的重要因素。

## 为什么哺乳动物的眼睛有些长在脸正前方,有些长在脸两侧

如果你们注意观察的话，就会发现一个有趣的现象，就是尽管一些哺乳动物的脸型变化多端，但它们的眼睛位置却有一个共同点：狮、虎、豹、狼、狗等食肉动物，它们那对敏锐

而凹陷的眼睛都位于脸部的正前方；而牛、马、羊等食草动物的眼睛却长在脸的两侧。

这是一种偶然的巧合吗?不,这与它们的生活方式有着密切的联系。

自然界里的食肉动物,都是些积极主动的进攻者,它们一旦发现食物就会快速追击。在追击过程中,它们不仅需要强有力的腿部肌肉、一张宽阔的大嘴和满口尖利的牙齿,而且还要用眼睛注视目标,准确测定距离。眼睛长在脸部的正前方,这就为食肉动物的追捕提供了方便。而食草动物则不一样,它们性格温和,吃的是"素斋",在自然界中随时可能成为食肉动物的美味佳肴。它们的眼睛长在脸的两侧,视野开阔,有的还可水平环视 360°,这样可以及时发现敌情,尽快逃命。

　　在树上过树栖生活的猿猴类，它们以野果、蔬菜等为主食，偶尔也吃些荤腥，但基本上属于偏食植物的杂食性动物。它们眼睛的生长位置跟陆栖食肉兽非常相似，一张圆圆的脸，在脸的正前方长着一对眼睛。猿、猴虽远不及狮、虎、豹等食肉动物凶猛，但眼睛长在脸部正前方却有利于它们把握好树枝间的距离，在森林里自由自在地腾跃，从而快速逃避来自各方面的敌害。

　　至于大熊猫，它是以吃箭竹等为生的食肉动物，这是由于历史上大熊猫的生活环境日趋变得恶劣，迫使它改变了食性。它的眼睛长在脸部的前端，则是继承了祖辈的遗传特征。

　　眼睛是动物收集各种"情报"的中心。在激烈的生存竞争中，眼睛哪怕能提前 0.1 秒提供情报，也能为它获取猎物或逃避敌害增加一份希望。

　　关键词：**哺乳动物　眼睛　食肉动物　食草动物**

230

# 动物冬眠的秘密是什么

冬眠,是动物避开寒冬食物匮乏的一个"法宝"。

冬天一到,刺猬就缩进泥洞里,蜷着身体,不食不动。它呼吸极其微弱,心跳也慢得出奇,每分钟只跳 10~20 次。如果把它浸到水里,半小时也死不了。可是一只醒着的刺猬,浸在水里 2~3 分钟,就会淹死。

冬眠时,动物的神经已经进入麻痹状态。有人曾用蜜蜂进行试验,当气温在 7~9℃时,蜜蜂的翅和足就停止了活动,但轻轻触动它时,它的翅和足还能微微抖动;当气温下降到 4~6℃时,再触动它却没有丝毫的反应,显然它已进入了深沉的麻痹状态;当气温下降到 4~0.5℃时,它则进入更深沉的睡眠状态。由此可见,动物冬眠时神经的麻痹程度,和温度有密切关系。

冬眠时,动物体温显著下降,身体内的新陈代谢作用变得非常缓慢,仅仅能维持它的生命。而且,一般动物在冬眠前的脂肪比平时增加 1~2 倍。这样不仅可以保持体温,更重要的是供给冬眠时体内的消耗。冬眠以后,体重就逐渐减轻。如冬眠 163 天的土拨鼠,体重减轻 35%;冬眠 162 天的蝙蝠,体重可以减轻 33.5%。

那么,为什么每年到一定的时候,动物就会进入冬眠呢?

科学家从人工条件下进入冬眠的黄鼠身上抽出血液,注射到活蹦乱跳的黄鼠静脉里,结果,它像被麻醉一样,很快进入昏睡的冬眠状态。

看来,在冬眠动物的血液中,可能含有一种能诱发冬眠的

物质。实验还表明,冬眠时间越长的动物,其血液诱发冬眠的作用越强烈。

这种诱发冬眠的物质是什么呢?

据研究,它是一种存在于血清中的颗粒状物质,有时这种物质也会粘附到红细胞上,因而使红细胞也有了诱发冬眠的作用。

奇怪的是,科学家还发现,在冬眠动物的血液中,还存在着另一种与冬眠物质相对抗的物质。这种物质在血液中达到一定

量时,就会使冬眠的动物苏醒过来。

这样看来,动物何时开始冬眠,不仅取决于诱发物质,而且也取决于诱发物质和抗诱发物质比例的变化。科学家推断:冬眠动物可能一年到头都在"制造"诱发物质,而抗诱发物质可能是在进入冬眠后开始产生的,并且其产量是直线上升,直到春暖花开才逐渐减少。当抗诱发物质在血液中的浓度足以控制诱发物质的时候,动物才能从冬眠中苏醒过来……

至今,人们仍然未完全揭开动物冬眠的奥秘,探索还在继续进行。科学家认识到,研究动物冬眠不仅妙趣横生,而且在航天与医学上有着重大实用价值。

关键词: 冬眠　诱发冬眠物质

# 有袋类动物的袋口
# 为什么有前有后

袋熊

有袋类动物是一类低等的哺乳动物,如袋鼠、袋熊、袋狸、袋狼等。它们的最大特点是,雌兽的腹部通常都有一个育儿袋,幼仔产出时发育不完全,在育儿袋内含住乳头而逐渐成长。

令人奇怪的是，为什么不同的有袋类动物，育儿袋的袋口有的向前开，有的却朝后开？动物学家经过仔细观察研究后，终于发现了其中的秘密。

袋鼠的育儿袋袋口都是向前开的，这与它们的生活方式有着密切的关系。因为袋鼠的前肢短小不发达，大部分时间用两只后肢着地站立、行走，使身体基本处于直立姿势。如果它们的育儿袋袋口朝后开，那么幼仔就很容易从育儿袋里掉下来。

袋熊的育儿袋袋口则是朝后开的，这也与它的生活方式有关。因为袋熊是一种穴居动物，擅长于掘土挖洞，如果它的袋口也像袋鼠那样向前开，在挖土打

袋鼠

洞时就容易把沙土弄到育儿袋里去，而袋口朝后开，就可避免这一麻烦了。另外，袋熊的四肢很短，行走奔跑时，爪子把地面上的枯枝烂叶向后扬起，袋口朝后开，这些乱七八糟的脏东西就不容易掉进袋里，有助于保持幼仔的清洁。

关键词：有袋类　育儿袋　袋鼠　袋熊

# 为什么负鼠装死特别逼真

负鼠生活在美洲热带地区，有"美洲袋鼠"之称，与澳大利亚袋鼠不同的是，雌兽的育儿袋不完全。由于小负鼠常常爬到母兽的背上，用尾巴缠住母兽的尾巴，让妈妈背着它行走，所以得名"负鼠"。

负鼠的头像猪，尾巴似老鼠，个儿如猫，常常夜间外出，捕食昆虫、蜗牛、小龙虾等。由于它的防卫能力极差，而且天敌很多，比如狼、猞猁、狗、野猫等。因此当它遇到强敌攻击时，最常用的方法就是立即躺倒在地装死，而且它的"死相"几乎和真死一模一样。负鼠装死时，总是张开嘴巴，舌头外伸，两眼紧闭，四肢僵硬，肚子鼓得老大，呼吸和心跳停止，长尾巴蜷曲在上下颌中间。此时，天敌或人触摸它的任何部位，它都纹丝不动。

负鼠的装死时间，短则几分钟，长则几个小时。在此期间，如果人类看见它这个样子，常常会把它当做一只讨厌的死老鼠踢出屋外；而许多食肉野兽，又有不吃死尸的习惯，误认为它真的死了，只好扫兴离去。不久之后，负鼠又会恢复正常，见周围已无危险，立

即爬起来逃走。

负鼠的装死为什么能装得那么逼真呢？这是因为负鼠在受到天敌的严重威胁或袭击时，由于过度紧张，体内分泌出一种麻痹物质，这种物质很快便进入大脑，使其丧失知觉，很快倒地"死去"。这与老奸巨猾的狐以假死骗过对方，或者野鸭在狼面前以装死蒙混过关，都是不同的。

☞ 关键词：负鼠　假死

## 穿山甲怎样捕食蚁类

穿山甲又叫鲮鲤，全身上下裹满了坚硬的鳞片，好像身披铠甲的古代武士，但它的性格却很温顺，从不与其他大动物打架。

穿山甲的嘴巴里没有一颗牙齿，只长着一条细长的舌头。没牙齿怎样咀嚼食物呢？别担心，因为它吃的是蚂蚁和白蚁，用不着咀嚼，这种结构的嘴巴对它捕食很适合。

当穿山甲发现一个蚁穴时，便伸出弯钩般的利爪，左扒右掘，大肆破坏，把蚁群从蚁穴中赶出来。然后，它再伸出长带子般的舌头，朝蚁群横扫过去，每扫一次，就有成百上千只蚂蚁被粘在舌头上，成为它的腹中之食。

有时候，穿山甲不愿意花大力气掘挖蚁穴，还会设下圈套，引诱蚂蚁上钩。

穿山甲的圈套很有意思，它先在蚁穴边装死躺下，将全身鳞片统统张开，从里面散发出浓烈的腥膻味，一阵阵飘向蚁穴之中。闻到气味的蚂蚁们纷纷出洞，见到装死的穿山甲，还以为发现了一座肉山。于是，无数蚂蚁爬到穿山甲身上。穿山甲见时机差不多了，就把全身肌肉一紧，鳞片全部合拢，将大部分蚂蚁关在鳞片内。然后，穿山甲带着满身的蚂蚁，跳进池塘中，再松开鳞片，抖动几下身子，蚂蚁便纷纷落水，浮在水面上。这时候，穿山甲再伸出长舌，把水面上的蚂蚁舔得一干二净。

穿山甲不仅吃蚂蚁，也很爱吃白蚁。我们知道，白蚁是破坏森林的罪魁祸首，而穿山甲恰恰是白蚁的死对头。仅仅一只穿山甲，一天就能吃 1 千克白蚁，等于保护了 230 亩山林免遭白蚁破坏，因为它立下如此卓越的功劳，所以又被人称为"森林的忠实卫士"。

☞ 关键词：穿山甲

# 白兔的眼睛为什么是红色的

家兔有各种各样的毛色，它们的眼睛也有各种不同的颜色，如红色、天蓝色、茶褐色、黑色等等。兔子所以有各种颜色的眼睛，是因为兔子身体中含有各种色素的缘故。眼睛的颜色，一般与兔子皮毛的颜色是相一致的。如天蓝色眼睛的兔子，身体内就含有蓝色的色素；灰毛兔的眼睛就是灰色的。

那么，为什么白兔的眼睛是红色的呢？是不是白兔体内有红的色素呢？

原来，白兔是属于不含色素的品种，所以它的皮毛是白色。它的眼球本身也是无色的，我们所看

到的红色,是眼球内血液所反映出来的颜色,并不是眼球的颜色。

关键词: 兔子　眼睛　色素　血液

# 为什么兔子爱吃自己的粪便

兔子是一种食草动物,主要栖息在草原和农作物地区。它喜欢吃嫩绿的青草和农作物,但有时也吃自己夜间排出的粪便。这是什么原因呢?

兔子虽然属于食草动物,但不同于牛和羊,胃很小,不具有反刍现象。它白天吃了大量鲜嫩的牧草后,往往出现营养过剩,到了晚上便形成软粪排出体外;而晚上,缺草少吃,营养相对减少,第二天白天排出的粪便就硬。

有趣的是,兔子有时会吃自己的粪便。因为软粪中的各种营养物质已呈半消化状态,容易被身体吸收和利用。经分析,兔子吃软粪后,合成的复合维生素 B 和 K 易被小肠吸收,以供机体生长的需要。同时,软粪中的矿物元素也有利于促进兔子机体对营养物质的吸收。

兔子吃自己排出的软粪是一种充分利用营养物质的正常现象。但家兔在人工饲养下,饲料充足,营养丰富,一般不会出现吃自己粪便的现象。

关键词: 兔子　粪便

# 为什么老鼠喜欢啃咬硬物

　　动物中，对人们危害最大的要算老鼠。如果家里一有老鼠，就会经常发现不是箱柜被咬坏，便是衣服被咬破；至于每年被老鼠糟蹋的粮食和毁坏的建筑物，更是不计其数，因此，提起老鼠人人都讨厌。

　　其实，老鼠并不喜欢吃硬的东西，只要你仔细检查一下被老鼠咬坏的箱柜或其他物件，总是在其附近留下一堆碎屑。那么，老鼠为什么喜欢啃咬硬物呢？

　　老鼠啃咬硬物不是没有原因的，主要与它的门齿有关。

　　一般动物的门齿长到一定时候就停止了，可是，老鼠却不然，它的上下颌各有一对门齿能不断地生长，一个星期可以长几毫米。

　　你可能会想，这样不断长下去，岂不是把它的嘴巴撑着，

不能启闭了吗？事实上不会发生这种情况的。老鼠的门齿一面在长，一面在用咬硬物的方式来磨掉，这样就能抑制门齿变得太长。所以，老鼠啃咬硬物，完全是由门齿不断地生长而引起的一种生物学上的适应，可是它给人们却带来极大的危害。

为什么老鼠的门齿能不断地生长？我们知道，牙齿的主要组成物质是坚硬的齿质，在每一个牙齿的齿质中间有一个空腔，称为齿髓腔。在动物年幼时，这个齿髓腔的下端是开放的，血管和神经可以通入，供应营养，使齿髓腔中的齿质细胞能不断地分泌齿质，促进牙齿逐渐增长，最后突破牙床粘膜，露出在外。一般其他动物牙齿长成之后，齿髓腔下端就封闭起来，齿质细胞得不到营养，也就停止生长。而老鼠和兔子等动物，这个齿髓腔不封闭，因而门齿能终生生长。

我们平时所说的老鼠，一般是指经常出入房舍活动的褐家鼠、黑家鼠、黄胸鼠和小家鼠等等。可是，具有啃咬硬物习性的鼠类，据统计全世界约有450多种，所以动物学上称这类小动物为"啮齿类"。这类动物广泛分布于农田、草原和森林等各个区域，为农业、林业和森林业等带来很大的危害。

关键词： 老鼠　门齿　齿髓腔

241

# 老鼠会钻进大象鼻孔中吗

大象是陆地上最大的动物,就连号称"非洲霸主"的狮子,或号称"兽中之王"的老虎,见了它也得退让三分。尤其是大象有条长长的大鼻子,灵活得像人类的手那样,不仅能干许多事,而且还是有力的武器,再凶猛的野兽,只要被它的长鼻子卷住,就无法反抗了。

奇怪的是,现在有很多人以为,狮子老虎虽然打不过大象,但小小的老鼠却是制服大象的克星。

为什么人们会认为大象害怕老鼠呢?原来,很久以前有这样一个传说:老鼠的个头虽小,但可以从大象的长鼻子里钻进去,使大象透不过气来,甚至还会一直钻到脑袋里,啃食大象的脑子。

然而,这仅仅是一种传说,没有任何科学依据,这样的事情实际上从没有发生过。

也许是这个传说流传很广,影响很大,动物学家为了证实它的正确与否,曾经在泰国考察了好几个圈养大象的地方,那儿有许许多多的老鼠,可从来没见过大象因为老鼠而受到伤害。有趣的是,动物学家在那儿见到的情况正好与传说的相反,那就是老鼠只要一见到大象,只会一个劲地逃。

其实,根据常识也会得出这样的结论:就算老鼠钻进了大象鼻孔,只要大象一甩长鼻,老鼠便会被甩出来。

关键词: 老鼠　大象　鼻子

242

## 为什么说松鼠
## 是自然界的环保专家

　　自然界有许许多多的动植物，它们不仅为这个世界增添了灿烂缤纷的色彩，更使整个地球大家庭处于一种非常和谐的状态，其中相当一部分种类为人类的生存环境提供了良好而无偿的服务。比如我们大家熟知的绿色植物，每天都在勤奋地吐故纳新，为我们提供新鲜氧气，而许多动物们更是用实际行动来维护着自然界的生态平衡。森林中的啄木鸟被誉为"森林医生"，就是因为它们不断地把侵入树干中的害虫消灭，从而保证了大树小树健康茁壮地成长。

　　很少有人认为松鼠对于森林的贡献会比得上啄木鸟。在人们的印象中，松鼠吃掉了松树、胡桃等等树种结下的果实，

从表面上来看,应该把松鼠们绳之以法,以便确保树木的种子能够正常萌发,使森林不断壮大。其实,如果我们仔细地研究一下松鼠吃果实的整个过程,就会改变对松鼠的看法。

每当秋天来到,森林中果实累累的时候,也是松鼠们最为忙碌的时候,它们不仅尽情地享受大自然的慷慨恩赐,而且还要采集很多的果实埋藏起来,作为储备食物,以免冬天食物缺乏时,弄得饥寒交迫。大量的统计表明,松鼠们并不能消耗掉自己埋下的全部种子,相反,可能有一半以上始终埋在土里。这样的话,冬去春来,土里的种子就要发芽,于是,森林中每年都会长出许多小树。科学家们估计,1只松鼠平均要储藏14000颗种子,有了这个数字,我们一定想象得出,松鼠对于森林的贡献有多大。如果说,啄木鸟是森林中的"医生"的话,那么,松鼠就是森林的"养父养母"。

当然,能够做出类似松鼠这种举动的还有其他动物,森林中的老鼠也有相似的行为,而一些吃果实的鸟,则会通过排粪把种子撒到各处,间接起到了播种的作用。令人奇怪的是,有些植物的种子,如果不到鸟类肠胃中去转上一圈,还无法发芽生长呢!

现在我们应该清楚了,松鼠对于自然界森林的形成和壮大有着非常重要的作用,而森林的存在对于其他动物,对于我们人类,甚至对于整个地球,又是极其关键的。所以我们说,松鼠是自然界中的环保专家。

☞ 关键词:松鼠　森林

# 为什么旅鼠要投海赴死

旅鼠是一种身长 10 厘米左右的小型啮齿动物,生活在北极圈附近。这种小动物貌不惊人,没什么特别引人注目的地方,但它有一种不可思议的古怪习性,那就是常常成群结队地投海"自杀",这在动物界中极为罕见。

一些研究旅鼠生活习性的动物学家说,在挪威、瑞典、芬兰等北欧国家,每隔数年时间,就会出现一次旅鼠大迁移。大批的旅鼠,几万只或几十万只聚集在一起,从山区出发,浩浩荡荡地往前行进,沿途之中把一切可吃的东西一扫而空。当旅鼠大军来到海边后,不知受到什么力量的驱使,它们会毫不犹豫地跳入海中,最后纷纷淹死。

科学家一直在寻求旅鼠投海"自杀"的原因,他们发现,旅鼠有规律性地每隔 3～4 年,便要大规模地集群一次。这是因为经过这段时期之后,由于北欧地区的旅鼠大量繁殖,居住地过度拥挤,食物发生危机,使它们不得不外出寻找食物。

有趣的是,旅鼠的迁移路线几乎总是面对大海,沿途之中如果遇到湖泊和小河,它们就泅游而过,最后到达海边还不肯止步,纷纷跳下海去。

科学家在推测旅鼠这样做的动机时认为,这也许是旅鼠把大海当成又一个湖泊、又一条小河,以为有能力游过去,但结果却是一场悲剧。

☞ 关键词:旅鼠

# 黄鼠狼是益兽还是害兽

　　黄鼠狼学名叫黄鼬，是一种食肉类小兽。它白天隐居在坟墓、墙洞、柴堆等处，晚上出来活动觅食，行为机警狡猾，胆子又很小，行动总是鬼鬼祟祟，偶尔还窜入庭院偷咬小鸡，因此，人们常说黄鼠狼是偷鸡贼。而且，黄鼠狼有时还会放出一股恶臭难闻的气体，也就是俗称的"黄鼠狼放臭屁"，这更增添了人们对它的恶感。

　　其实，公正地评价黄鼠狼，它应该属于对人类有好处的益兽。因为黄鼠狼的皮毛色泽鲜艳光润，是制作高级裘皮的原料，具有很高的经济价值。更重要的是，动物学家在分析黄鼠狼的食性时，发现它捕食的猎物中有野鼠、蜈蚣、蝗虫、蛙、鱼、鸟等，但其中鼠类占半数以上，这就说明，黄鼠狼主要

食料是大量偷吃粮食、破坏庄稼的田间野鼠。有时田间野鼠较少，它也钻进人们的房子里捕捉家鼠。当然，它偶然碰上了家禽，也会咬死鸭子，拖走小鸡，这也是事实，但总的说来，还是益多害少。因此，对这种动物，应该适当保护，合理捕捉。一般地区在立春以后，它的毛皮质量下降，剥下来的皮也没用处，这时，黄鼠狼恰巧开始繁殖，我们就应该大力保护，不要任意捕杀，让它好好繁殖后代，并利用它捕捉大量野鼠。

关键词：黄鼠狼 黄鼬

# 黄鼠狼为什么能吃刺猬

刺猬是一种小型的食虫动物，它的最大特点是浑身长满尖刺。当它遇到较大的食肉动物时，就马上缩头缩脚，将整个躯体向腹面卷起，形成一个全副武装的刺球，使"望洋兴叹"的食肉动物扫兴而去，但只有黄鼠狼属于例外。

黄鼠狼是食肉的小兽。它们每天晚上出来找食吃，最常吃的是鼠类，不过刺猬肥胖多脂，个体又大，对这种美餐它是从来也不肯放过的。

可是刺猬身上有钢针一样的刺，黄鼠狼怎样捕捉它呢？

原来，黄鼠狼的肛门里生有一种臭腺，能随时分泌出大量臭液。黄鼠狼的臭液威力很强，是对付敌害的一种武器。一旦被敌人追逐，在敌人的嘴接近它的屁股时，它立即喷射出一股臭液。像狗这样大的动物，一个"屁"即可阻止它前进和追赶，所以黄鼠狼的"屁"有"救命屁"的称号。刺猬遇到黄鼠狼的攻击,就缩成球形。黄鼠狼找到刺猬蜷曲着的一点缝隙,即采取注射的方式,将"屁"射入缝隙中。不一会,刺猬被臭液所麻醉,麻醉后的刺猬,躯体就会伸展开来。这时,黄鼠狼立刻将刺猬咬死,从容地吃起来了。

☞ 关键词: 黄鼠狼　刺猬　臭腺　屁

# 河狸为什么喜欢修建堤坝

河狸又叫海狸,是一种半米多长、20千克重的中小型动物。它的最大特点是善于修建堤坝,因此被人称为"动物工程师"。

河狸通常在森林地区的河边筑穴居住,为了不使巢穴被河水冲走,它便养成了在巢穴外筑堤坝的习性。

对个头不大的河狸来说,在河中建造一条堤坝是件大工程,就像人类从事建筑工程一样,河狸首先要准备好足够的建筑材料。筑坝的第一步是伐木,河狸利用它那锋利的门牙,将森林中靠近河边的树木齐根啃断。然后选择好方向,让树木倒向河中,并利用水流把它运到围堤的地点,再将树干垂直地插进水下的泥土中当做木桩。接着,河狸再运来较细的树干、石子、淤泥等材料,堆积在一起成为堤坝。动物学家在考察河狸筑坝时发现,"动物工程师"建造出的最大堤坝足有180米长、6米宽、3米高。

当堤坝建成之后,坝内的这部分水域就变成一个平静的小湖,这时候再在此处的洞岸浅滩处筑巢,就用不着担心受到河流的冲击了。

河狸建造的堤坝一代一代地往下传，并不断地得到维护修缮。由于水位会不断发生变化，坝的高度也会相适应地跟着升降。如果坝内的水位升高，有可能把巢穴淹没时，河狸就会将坝降低一些，让水溢出去。如果堤坝受到了严重损坏，河狸就会召集同伙对堤坝进行抢修。

☞ 关键词：河狸

# 为什么蝙蝠能在夜间捕到食物

夏天的傍晚，在屋檐下、庭院里，我们经常能看到在空中低飞

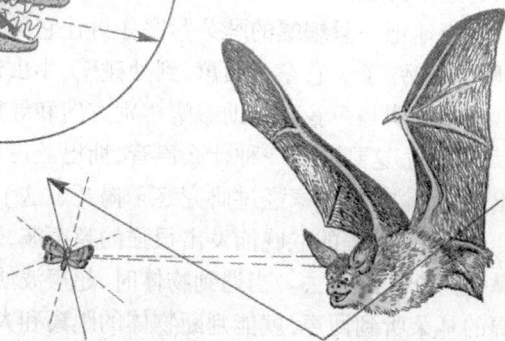

的蝙蝠,一边飞,一边在捉虫充饥。

蝙蝠能在夜间捕食,难道它有一双能明察秋毫的夜视眼吗?

不。人们早就发现,蝙蝠的视力很差。

那么,蝙蝠到底具有哪种巧妙本领,能在漆黑的夜晚辨别方向、捕到食物呢?

多少年来,这一直是科学家们感兴趣的一个谜。

260多年前,意大利的科学家斯巴兰占尼,首先研究了蝙蝠的这个特点。

他把一只蝙蝠弄瞎了眼睛,放到一间拉了许多铁丝的高大玻璃房子里。令人惊奇的是,这只蝙蝠仍能机灵地绕过铁丝,准确地捕到昆虫。

"也许是蝙蝠的嗅觉在起作用。"斯巴兰占尼这样想。

接着,他又破坏了蝙蝠的嗅觉机能,但蝙蝠照常飞得很好,就像根本没发生什么变化一样。后来,他又用厚厚的漆涂在蝙蝠身上,结果还是不能影响它的正常飞行。

"难道这是蝙蝠的听觉在起作用吗?"斯巴兰占尼苦苦思索着这个问题。

当他把一只蝙蝠的耳朵紧塞住再让它飞行时,蝙蝠终于"黔驴技穷"了。它东飞西窜,到处碰壁,小虫也捉不到了。

这说明是声音在帮助蝙蝠辨别方向和寻觅食物。

不过,这到底是一种什么声音,斯巴兰占尼一直没有研究出来,后来的科学家经过研究终于揭开了这个奥秘。

原来,蝙蝠的喉咙能发出很强的超声波,通过它的嘴巴和鼻孔向外发射出去。当遇到物体时,超声波便被反射回来,蝙蝠的耳朵听到回声,就能判断物体的距离和大小。

科学家把蝙蝠这种根据回声探测物体的方式,叫做"回声定位"。

令人吃惊的是,它们竟能在一秒钟内捕捉和分辨250组(声波往返一次算一组)回声。

蝙蝠回声定位系统的分辨本领很高,它能把昆虫反射回来的声信号与地表、树木等反射的声信号准确地区分开来,辨别出是食物还是障碍物。另外,蝙蝠回声定位系统的抗干扰能力也特别强。即使人为地干扰蝙蝠,哪怕干扰噪声比它发出的超声波强100倍,它仍能有效地工作。正是凭着这种独特的本领,蝙蝠在黑夜里捕食昆虫时,有着惊人的灵活性和准确性,难怪有人称蝙蝠为"活雷达"哩!

☞ 关键词:蝙蝠 超声波 回声定位

## 为什么蝙蝠睡觉将身体倒挂着

当你走进一座人迹罕至的巨大山洞中,常常会发现顶壁上悬挂着数以百计的蝙蝠,这种大山洞正是蝙蝠最喜欢栖居的场所。

不少蝙蝠还喜欢住在废屋中或屋檐下,当它们停息或睡觉时,往往将身体倒挂起来,头朝着下面,用两只后肢的尖爪钩住缝隙。我们如果抓一只蝙蝠放在地上的时候,就可以看到它会用前肢第一趾的爪和后肢的五趾,匍匐着爬行,攀升到直立的树木或壁上,从这里再展翅起飞。如果把它放进铁丝笼子里,它会像猴子一样,爬到四边,最后到笼子顶部,将身体倒挂

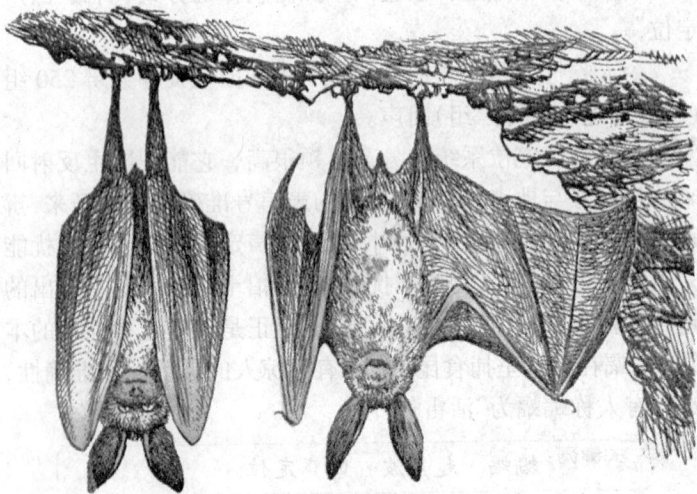

　起来。为什么它不是伏着或躺着休息,而将身体倒挂着?

　　这要从它的身体构造、活动方式和生活习惯来分析。我们知道,蝙蝠是唯一能真正飞行的兽类,具有又宽又大的翼膜。它的后脚又短又小,而且被翼膜联住。当它落在地面上时,只能伏在地上,身子和翼膜都贴着地面,不会站立或行走,也不能展开翼膜飞起来,只能慢慢爬行,很不灵活。如果爬到高处倒挂起来,遇有危急,就可以随时伸展翼膜起飞,或者借落下的时机起飞,非常灵活。此外,蝙蝠到了冬季,也是以倒挂的姿态进入冬眠的,这样可减少与冰冷的顶壁的接触面。而且有些蝙蝠还可用翼膜把头和身体裹起来,加上它周身的密密细毛,可以起到与外界冷空气隔绝的作用。当然,挂在顶壁也比停在别的地方更加安全一些。这种生活习惯和防御的本能,都是动物长期进化的结果。

关键词：蝙蝠　睡觉

# 蝙蝠为什么是
# 最理想的种子传播者

科学家们在热带地区考察传播种子的动物时，发现不但有鸟类和蝙蝠，还有椰子蟹、食果鱼、沙龟以及其他一些哺乳动物。

在热带森林中，蝙蝠是最主要的食果动物了。国际蝙蝠保护协会动物科学家默林·塔特尔说："蝙蝠是最理想的种子传播者，它们一个晚上能吃下比自己体重重两倍的种子，并且在森林的空地中边飞行边排粪。"这种随地拉屎的习性非常重

要，因为蝙蝠一个晚上能飞行 37 千米左右，这意味着它们搬运种子的能力，无论从路程或区域的广度上，都是其他热带雨林动物望尘莫及的。

加拿大魁北克省舍布鲁克大学动物学家唐纳德·托马斯也发现，作为热带森林中的植物种子传播者,蝙蝠是最理想的,也是举足轻重的。他在西非研究蝙蝠与植物的关系多年, 在那儿他计算过, 一群黄毛果蝠,一个晚上能传播近 227 千克种子。这一数据,是托马斯通过在一个森林附近的热带大草原上, 铺上一张极大的塑料布后统计出来的。令人惊讶的是,蝙蝠的排泄物似雨点般地掉落在塑料布上,种子的重量占总重量的 92%。不仅如此,托马斯还对种子的萌发率作了研究。他收集了许多来自蝙蝠粪便的种子,与成熟果子中的种子进行比较, 结果发现, 前者的萌发率为100%, 而后者只有 10%, 这就有力地证明了蝙蝠是最好的种子传播者,其他动物无法与它相比。由此可见,蝙蝠在传播种子这一环节中, 起了十分重要的作用。

☞ 关键词: 蝙蝠　种子传播　萌发

# 为什么狗睡觉时
## 爱把鼻子藏在前肢下

    狗是最早跟随人类的动物，也是我们最熟悉的动物。狗能帮助人类打猎和看家守户，因此，它常常和人类居住在一起。很多养过狗的人都知道，狗在睡觉时，常常把鼻子藏在两条前腿之间。这种睡觉的姿势对狗有什么好处呢？

    我们知道，狗有强健有力的四肢，善于奔跑，但它最大的特点是具备嗅觉特别灵敏的鼻子。狗鼻子比其他动物的鼻子复杂得多，除了正常的鼻腔有嗅觉作用外，鼻子尖端的外表面，还有一块无毛的部位，那儿长着无数小小的突起，外面还覆盖着一层粘膜组织。在这层粘膜上，"驻扎"着许多特殊的细胞，专门掌管嗅觉。

    对狗来说，灵敏的嗅觉实在太重要了，如果嗅觉部位受到伤害，将会给狗的生活带来极大的不方便。正因为如此，狗特别懂得珍惜鼻子，连睡觉时也不忘记。它把鼻子藏在前腿间，就是为了保护鼻子，防止睡着后受到意外的伤害。

☞ 关键词：狗　鼻子

## 夏天，狗的舌头为什么常常要伸出来

    狗是哺乳动物的一种。哺乳动物的体温在正常状态下是恒定的，当热量过多时，就要通过降温的途径来散发热量，使

体温维持恒定。人和许多动物身体表面都有汗腺，会分泌汗液，热量通过汗液的分泌散发到体外，就会降低体温。但是，动物学家们发现，狗的身体表面没有汗腺，它的汗腺长在舌头上。夏天天气炎热，为了维持正常的体温，狗就只好伸出它那长长的冒着热气的舌头来，这样就可以促进身体热量的发散。

实际上，即使不是夏天，狗的舌头有时也要伸出来，如它在奔跑或打架之后，身体热了，也会伸出舌头来散发热量。正如人在寒冷的冬天里，通过参加体力劳动或进行剧烈的运动后，也同样会出汗，道理是一样的。

关键词：**狗　舌头　散热**

# 为什么狗是人类
# 首先驯化成功的动物

　　动物学家告诉我们,驯化实际上是一种共生现象,两种不同的生物,相互影响,彼此获益,实在是一件大好事。他们发现,有些蚂蚁饲养了一些能吸食植物汁液的其他昆虫,如蚜虫。蚂蚁从蚜虫那儿获得蜜糖和营养液,作为回报,它也帮助蚜虫驱赶敌害、营造家园。蚂蚁的这种行为,如同今天人类饲养了一群奶牛一样。也许有人会问,人类是世界上最聪明的生物,可是像蚂蚁这样的饲养行为,为什么要到人类发展史的很晚期才出现呢?

　　首先,人类要有一个观念上的转变,因为自古以来人类以猎手的姿态出现在自然界中,从猎手和消费者到饲养者和保护者之间,有一条非常大的鸿沟。其次,环境条件有了变化,大约1.1万年前,地球变得暖和起来,大陆上的冰块开始融化,人类的生活开始趋向于稳定,因此在地质学上,1.1万年前就成为更新世的结束和全新世的开始。第三,四处漂泊的人类开始定居下来,随即出现了人口数量的急剧增多,大量的人口使居住地附近的猎物数开始下降,于是,一部分男人从猎手转向了其他行业。自此,驯养动物有了内外因素的支持。

　　我们知道,狗的祖先是凶暴残忍的狼,与它相比较,有许多动物要温顺听话得多,可人类为什么要首先选择狼作为驯养对象呢?原来,人类和狼有很多共性,两者都是目标广泛、智能高超的狩猎者。更新世时期,一般性的动物早已不是人类的对手,但是要猎捕一些大型哺乳动物如犀牛、野牛、猛犸、野马等绝非易事，人类迫切需要帮手来协助。

在偶然的机会里，猎手们把狼崽带回了家，充满爱心的儿童们饲养后，发现驯育狼崽其实是一件非常容易的事情，群狼们狩猎的勇猛和果敢给人类留下了极其深刻的印象，而狼的社会行为和群体内的等级结构，也允许它们接受人类的支配，于是，人类和狼开始了双方的合作。

以后，人类从自身的利益出发，选择那些体形小、温驯而富有感情的个体加以定向培养，经过漫长的生殖隔离时期，终于培育出了狗这种动物。

今天，狗作为人类一个非常特殊的朋友，不仅为主人看门护园、放牧送信，还被赋予了许多新的使命，例如为盲人引路、在海关缉毒、帮助精神病人治疗等等，面对这么聪明的朋友，我们实在应该感谢我们祖先的明智选择。

☞ 关键词：狗　驯化　狼

# 为什么红狐特别爱使用计谋

在食肉动物中，如果问谁最狡猾，几乎每个人都认为是狐狸，其实它的正确名字应该叫红狐。的确如此，红狐的天性狡猾多诈，不管是在捕猎还是躲避强敌，经常会使出各种各样的计谋。

有时候，红狐的机智甚至不亚于人类。例如当猎人设置陷阱捕猎时，如果被远处的红狐发现，它就会在后面悄悄跟踪猎人，并在每一个陷阱处，留下一股臭味，这是一种特殊的报警信息,一旦同伙经过这儿,闻到这股臭味,就知道附近的树下有可怕的陷阱。

还有,红狐在狩猎时,有时装成受伤后很痛苦的样子,或者同伙之间假装打架,使猎物的恐惧之心渐渐消除后,红狐便会突然扑向猎物,将没有防备之心的猎物捕获。

也许有人会问,与其他动物相比,为什么红狐特别爱使用计谋呢?科学家认为,任何动物要想长久地生存在这个世界上,必须具备一套谋生的本领。例如号称兽中之王的老虎或狮子,它们凭借着体大力强、利爪尖牙,既能捕捉到猎物,又不必担心敌人的袭击。还有一些食草动物,看

上去软弱可欺,但它们的食物来源有充分保证,而且通常都具有快速的奔跑能力,有利于逃跑。

我们知道,红狐依靠吃肉食为生,但在食肉动物大家族中,它只能算体小力弱的成员,攻击和逃跑能力都不强。因此,红狐只能依靠智力来弥补体力的不足,通俗地说,就是比其他食肉动物更会想办法,更会使用谋略,这样,红狐可以在残酷的生存竞争中占有一席之地,才可以一直生存到今天。

☞ 关键词: 红狐

# 生态学家为什么要提出保护狼

我们早已知道狼是狗的祖先,可是,人类对于狗宠爱有加,不仅培养它们看门、护院,更是花了很大的心血来造就各种各样的宠物狗,以至于现在狗的品种数量已经超过了300种。反过来看狼,这类畜生总是让人深恶痛绝,每当人们想起狼这种动物,眼前出现的可能就是血盆大口和白骨成堆这些令人毛骨悚然的场面。

不错,狼确实经常凶残地屠杀猎物,这是因为它们必须依赖捕食其他动物才能生存。一匹狼一次大概可以吃掉10千克左右的肉,当狼吃饱以后,一般可以维持4~5天不进食。

狼的残忍与否,本来与人毫不相干,但是,自从人类定居下来,开始了耕作和畜牧生活后,人与狼有了较为密切的关系。因为随着人口的日渐增多,人类活动范围不断扩大,原来属于狼的地盘逐渐地被人类所侵蚀,当狼在寻觅了几天以后一无所获时,目光自然而然会盯上人类饲养的各种家畜,甚至有时候,连人类本身也成了它们攻击的对象。于是,人类与狼的关系变得紧张起来,在人类看来,狼已经成了人类征服自然界的一大障碍。

在这种情况下,人类开始捕杀野狼,陷阱、毒药、子弹……凡是一切能够使用的手段都被用到了野狼身上,有的国家甚至由政府出面,号召人民展开对狼的攻击,这样一来,在自然界中威风凛凛的野狼们,顷刻间就处于绝对的下风。以美国为例,捕杀野狼的活动一直持续到1935年才告停止,而此时,仅明尼苏达和阿拉斯加的一些地方有少量残余,其他地方的野狼已经被消灭殆尽。

其实,从生物多样性的角度来看,狼的狩猎行为纯粹是生

态系统中的一个部分。很久以前，人类祖先就是靠收拾野狼狩猎的残留物来维持一部分生活的，而今天，自然界中需要野狼帮助才能维持生命的动物也有不少。特别是一些小鸟，它们根本无力捕杀猎物，而又要生存繁衍，就只好依托强大的狼群。可是，在人类的穷追猛打之下，狼自己也是朝不保夕，这些希望背靠大树好乘凉的小鸟们，又如何去生存、去发展呢？

　　生态学家告诉我们，只要人类变换一个角度来看狼，而不是先入为主，把它们归入屠杀者的行列，就应该可以接受狼这样一种动物。人类不是已经对老虎改变看法了吗，那么，请大家也体谅狼吧，毕竟，它们的生命也是靠不断的浴血奋战来延续的，何况，生态系统中还有很多的小动物，要靠狼的繁荣才能繁荣呢。

　　👉 关键词：狼　生态系统

# 狼为什么爱在夜晚嚎叫

　　在山村或牧区，一到夜深人静的时候，往往听见狼群的嚎叫。尤其在牧区，牧人们更加警惕，害怕残酷贪婪的狼伤害自己的羊群。狼为什么爱在夜晚嚎叫？

　　世界上的各种动物，都有自己的生活习性。狼是一种较大的猛兽，它以肉食为主，专门猎取兔子、野鸡、鹿类、鼠类、家禽、家畜等，偶尔也吃一些植物性食物，甚至残杀同类，成群的狼有时还会伤害人。

　　狼是一种夜行性动物，每到傍晚后，饥饿的狼往往成群地

出来寻找食物,一边走,一边发出低声的嚎叫。夜晚的狼嚎使人感到毛骨悚然,其实,这并不是为了恐吓人类,而是具有其他的含义。

动物的叫声是动物种群间联系的通讯信号。在不同情况下,动物往往会发出不同的叫声。叫声与繁殖习性有很大关系,如鹿类在繁殖期,雄鹿往往会发出特殊的叫声,以求配偶。而狼在夜晚嚎叫,是通过相互嚎叫而集群,如母狼常发出叫声来呼唤小狼,公狼又唤母狼,集合成群后再外出觅食。在繁殖期,狼也往往发出嚎叫声来寻找配偶。在抚幼期,除了母狼会发出叫声,幼狼在饥饿时也会发出尖细的叫声。

关键词:狼嚎

263

# 不同家族的狼相遇后会怎么样

一个狼群，就像一个人类大家庭，所有的成员都算是"自己人"。

在狼的大家庭中，有严格的等级制度，任何事情都由首领做决定。狼群外出狩猎，什么时候跟踪和攻击目标，什么时候休息，以及食物的分配等，一切都要听从首领的指挥，成员不可擅自行动。

但是，当两个不同家族的狼相遇后，将会怎样呢？

在通常情况下，两只狼由于都不知道对方底细，双方会摆出一副恐吓的模样，企图镇住对方。如果两头狼都不肯示弱，便只有通过格斗来分出上下，展开一场狼战。

格斗时，双方龇牙咧嘴，一边叫，一边兜圈子寻找进攻机会。接着，双方越逼越近，终于扭打在一起，奋力厮咬。经过几个回合的交手，处于下风的弱者，为了避免吃更大的亏，马上会停止挑衅性的"呜、呜"的叫声，改用呼喊救命的高声尖叫，同时还会翻身躺倒在地，紧夹尾巴，向对方暴露出容易受到伤害的重要部位，如胸部、腹部和颈部，表示停止抵抗和投降。

这时，胜利者不管有多愤怒，只要一见到对手投降，就会立即停止进攻。它面对投降者，高高仰起脑袋，满脸得意忘形的神态，嘴里发出一阵阵狂妄的鸣叫，仿佛在说："快滚！"

最后，胜利者在地上撒上一泡尿，表示战斗结束，吃了败仗的狼这才垂头丧气地溜走。

关键词：**狼群**

264

# 獴是所有毒蛇的克星吗

当一只獴与一条眼镜蛇相遇后，总会爆发一场激烈的搏杀。

獴是小型哺乳动物，体长仅 30～40 厘米，个头和力量都不及眼镜蛇，因此在战斗初期獴只顾躲避，精力充沛的眼镜蛇占据了主动。为了对付眼镜蛇的凶猛进攻，獴把全身的毛蓬散开，整个身躯看上去仿佛比平时大了一倍。这一招很管用，因为万一疏忽被眼镜蛇咬中，仅仅咬去一撮毛而不会伤及皮肉。随着时间的推移，眼镜蛇出现疲态，进攻节奏变缓。这时，獴开始发起反击，抓住时机，突然蹿上去咬住眼镜蛇颈部，直至对手丧失抵抗力。

正因为许多人见过獴制服眼镜蛇的场面，于是就认为獴是毒蛇的克星，任何毒蛇遇上它只有死路一条。

但科学家却发现,獴对付眼镜蛇的确很在行,这是因为眼镜蛇与其他毒蛇相比,行动显得迟缓呆笨,而且毒牙比较短,嘴巴最多只能张开45°,不像其他毒蛇那样能张开130°,这些致命的弱点使眼镜蛇在搏斗中屡遭败绩。然而,獴遇上了一些别的较大型毒蛇,如巴西蝮蛇、眼镜王蛇等,情况就大不相同了。它们对獴发出的进攻既快又猛,凶悍犀利,在通常情况下,獴会采取明哲保身的态度,知难而退,溜之大吉。如果獴不自量力,采用对待眼镜蛇的方法来对待它们,那么,失败者往往是獴自己。

☞ 关键词:獴　眼镜蛇

# 猫为什么喜欢吃鱼和老鼠

猫喜欢在夜间捕食老鼠,并且有一整套适于捕鼠的"装备"。

猫的胡须好比"雷达"天线,是猫身上最灵敏的器官。特别在夜间,它能依靠胡须探知洞穴的大小,然后确定自己的身体能否通得过。

当猫躺在一处打盹时,总爱把耳朵贴在前肢的下方靠近地面。一旦有震动,猫立即会惊醒,因为地面传声比空气传声快得多。

谁都认为,猫的眼睛能明察秋毫。然而,在伸手不见五指的夜晚,它仍需要依靠胡须和耳朵来助"一臂之力"的。

猫的爪子非常锐利,当它捕捉老鼠时,一经抓住,爪子紧紧收缩,比铁钳还牢。猫的爪子中间有很厚的肉垫,行走起来悄无声息,便于对老鼠搞突然袭击。

"哪有猫儿不喜腥",这是人们对猫饮食习性的公正评语。那么,猫为什么特别喜欢吃鱼和老鼠呢?原来,猫是在夜间活动的,其体内牛黄酸是提高夜间视力的必备物质。如果猫长期得不到这种物质的补充,夜视能力将会降低。而鱼和老鼠体内含有大量的牛黄酸,猫为获取其中的牛黄酸来补充营养,所以爱吃鱼和鼠。

猫吃鼠还有一个客观原因,因为猫是一种小型猫科动物,又是一种夜视能力较强的食肉性小兽,而鼠主要也在夜间活动,它们的个头又最适宜于猫捕捉,这样它们自然成了猫的美餐。

☞ 关键词: 猫　鱼　老鼠
牛黄酸　夜视能力

# 当前方既有食物又有危险时,
# 猫会怎样行动

动物在同时受到两种相反的强烈刺激时,会表现出向后退和朝前进两种矛盾行为。从理论上说,如果这两种刺激的强度相等,动物应该保持原地不动。但在现实生活中,动物同时受到两种正反对立的刺激,而且在强度上又完全相等的情况,并不可能经常发生。在一般情况下,刺激往往有强弱和大小的区别,动物会对较强、较大的刺激作出反应。

以家猫为例,当我们同时给它恐吓和食物两种刺激,家猫便产生矛盾心态,见到恐吓想后退,瞧着食物又想前进。这时候,我们对家猫增加恐吓,它则会稍向后退;但不一会儿,家猫因见到食物又恢复信心,再次向前进。这样前进、后退的反复动作,我们称其为"双重行为"。

双重行为并非猫儿特有,在其他动物身上也时有发生。它所表现的动作,除了前进和后退以外,还会有节律地左右踏步、上下跳动、蛇行前进、旋转式或扭摆式前进,或者表现出类似跳"华尔兹"、"迪斯科"、"摇摆舞"、"旋转舞"等有趣的动作。

☞ 关键词: 猫　双重行为

# 为什么猎豹奔跑特别快

非洲的猎豹是动物世界的奔跑之王。

猎豹身高约 76 厘米,体重在 45～50 千克之间。外形大体像豹,但比豹稍小,四肢和尾巴比豹长些,毛色浅黄杂有小黑斑点,而头部和躯体有点像猫,四条腿似狗,叫声像美洲豹,但也会"唧唧"地像鸟叫。

由于猎豹具有惊人的奔跑速度,人们对它的描述,常常充满神奇的色彩。有人说,它会腾云驾雾地追捕猎物,当然这里的"云"和"雾",是指猎豹在狂奔疾跑时扬起的尘土。还有人形容说,在驾车追寻猎豹的过程中,经常看到的只是猎豹吃剩下的猎物残骸,但它早已不知去向,大有"来无影,去无踪"的神

秘之感。

　　羚羊是猎豹最爱吃的美味,奔跑的速度也相当快。当猎豹追击羚羊时,会使出全部力气,在短暂的时间里,最高速度甚至能达到每小时113千米, 远远超过善于奔跑的非洲羚羊和马,就连高速行驶的普通汽车也没它快。猎豹在急速飞奔时,姿态极为优美,前后肢各自向不同方向伸展,整个身躯几乎形成一线,犹如跃在空中的一个"一"字。

　　猎豹之所以能成为动物奔跑冠军, 首先是它的高度流线型体形,在奔跑时可以大大减少空气的阻力;其次是它具有强有力的四肢、强壮的平衡尾巴,脚爪伸展能稳固地紧抓地面,这就促使它能快速奔跑;第三是它有一个有力的心脏、特大的肺部、粗壮的动脉,在短时间内提供足够的氧气,从生理机能上保证它能疾速奔跑。这些都是猎豹适应于快速奔跑的得天独厚的生理结构。

☞ 关键词: 猎豹

# 猛兽看到电影上的猎物
# 能分辨真假吗

电影中的动物多么栩栩如生，博物馆中的动物模型无论多么形象逼真，但对人类来说，很容易就能分辨出真假，可是动物是否也能像人类那样具备这种识别能力呢？

为了解答这个问题，有个名叫格里麦克的德国动物学家，专门设计了一系列有趣的实验。

他先制作一个斑马标本，放在斑马经常来喝水的地方，然后躲在一边观察。在附近吃草的斑马发现标本后，都走了过来，可是到距离标本大约 15 米处时，全部停住了脚步，显然，它们对标本产生了怀疑。

是什么引起斑马群的怀疑呢？格里麦克仔细认真地观察研究了标本后终于发现，斑马标本看上去太干净了，这一点与真斑马的确不同。于是，他便在标本上涂了些泥土，这一下，真斑马们都围上前，一点也不怀疑，有的甚至还和假斑马逗着玩呢。

第二天，格里麦克又把斑马标本放到狮子经常出没的地方，看看狮子会怎样对待它。过了一会儿，一头狮子发现了标本，竟然信以为真，它就像真的捕猎那样，先悄悄地躲起来，然后突然蹿出，猛扑上去，等它狠狠地咬了一口之后，才知道上了当。

为了测试动物对真假的判断力，格里麦克又做了一个更为有意思的实验。他在野外支起幕布，开始放映有关食草动物的电影，银幕上不断出现羚羊奔跑的场面。这时候，正好来了一头豹子,见到银幕上的羚羊后,疯狂地扑上去,一阵乱咬,把银幕咬得破烂不堪。

# 美洲虎为什么不是真正的虎

虎是亚洲特产,全世界只有一种。

中国林业出版社于 1998 年 3 月出版的《拯救与保护野生虎的策略》中,记载了大约 100 年以前,世界上的虎共有 8 个亚种:黑海虎(已绝种)、孟加拉虎、印度支那虎、东北虎、华南虎、爪哇虎(已绝种)、苏门答腊虎和巴厘虎(已绝种)。这 8 个亚种的虎都分布在亚洲,其他洲都没有。

美洲有一种著名的猫科动物,名叫美洲虎,又称美洲豹,很多人以为它是老虎家族的成员,但动物学家却不这样认为。

美洲虎虽然与虎同属于猫科动物,名称上也有一个"虎"字,其实,它既不是虎,也不是豹,而是另外一种猛兽。由于它的身上花纹比较像豹,体形则接近于虎,而许多南美人又没有见过真正的虎和豹,于是就把它称作"美洲虎"或"美洲豹",这两个名称便一直沿用至今。

尽管美洲虎不是虎和豹,但在动物世界里也颇有名气,是西半球最大的猫科动物。它的体形小于虎而大于豹,体重可达130 千克,凶猛程度不亚于虎、豹,而且还会爬树和游泳呢!

# 为什么老虎喜欢淋浴而不爱泡浴

老虎虽有"兽中之王"的称号,但是它们在捕猎其他动物时也并不轻松,当它发现猎物之后,往往要追击 10~20 千米路程,在十多次的捕猎中仅有一次获得成功,而且在猎杀过程中,还要进行一番最后的较量。特别是在捕猎凶猛的野猪,或者身躯硕大的野牛时,必须进行一场生死搏斗,才能置猎物于死地。

有趣的是老虎在捕食以后,尤其是值盛暑时节,往往浑身渗出热汗,它们跑到水边,并不一下子跳进水中,而是慢慢地蹲伏下来,先将长硬的尾巴浸入水中,然后引水往背部挥洒,这样反复多次,直到身体凉快为止。科学家把虎的这种行为称

作"虎的淋浴"。

那么，老虎在猎食后浑身发热，体温明显升高，为什么不直接下水来个痛快的泡浴，而要用这种"淋浴"方法来慢慢凉快呢？

原来，虎在长期生活实践中，已经获得了一种"自我保健知识"，如果剧烈活动以后，它决不会马上跳入冰冷的水里，因为从很热一下子转化到很冷，中间没有一个缓冲过程，很容易得病。这就像我们人类一样，浑身大汗淋漓时突然洗一个冷水澡，会使人的抵抗力下降，容易引起鼻塞感冒、咳嗽发烧等疾病。

☞ 关键词： 虎　淋浴　泡浴

# 狮与虎究竟谁强

说起狮子，许多人都称它为"兽中之王"；讲到老虎，不少人会"谈虎色变"。这两种猛兽的名气实在太大了，所以许多人，特别是少年儿童出于好奇，常常提出"狮与虎究竟谁强"这类问题。

实际上，老虎生活在亚洲，狮子产于非洲，可以说两者各霸一方，没有机会较量，比个强弱。再说动物园，又不可能把来之不易、身价昂贵的狮子与老虎放在一起，让它们来个决斗，看看它们究竟谁强谁弱。所以迄今为止，可能还没有人亲眼目睹过狮子同老虎的决斗场面。

尽管如此，动物学家对老虎和狮子的生活习性进行观察分析后,提出了以下的推测。

如果从一对一的力量来看,老虎可能要比狮子更强更凶。因为在灵敏性和耐力方面,老虎可能稍稍胜过狮子一筹。一只雄狮与一只雄虎一旦交战,狮子非常可能败于老虎。

但是,从生态学观点来说,狮子比老虎强大。因为狮子喜欢结群,经常以一个家族(公狮、母狮和几只幼狮)或几个家族联合起来,共同生活。而老虎却是孤独的捕猎者,独来独往,从不合群。合群是一种强大的象征,假如双方发生冲突的话(当然事实上是不可能的),一群对一只,老虎自然败于狮子。

虽然现在见不到狮虎搏斗,但据说在很久以前的古罗马时代,人们曾让狮子和老虎在竞技场中进行格斗表演每次都是老虎战胜了狮子。

关键词: 狮　虎

# 狮子在黑夜中怎样捕猎

当人们来到动物园里,想亲身感受一下狮子的威风凛凛时,多半要觉得非常失望,因为他们看到的,多是狮子懒洋洋的睡觉场面。偶尔,饲养员提着肉食来到时,狮子才打起精神,一旦用餐完毕,它们又会沉沉地睡去。

千万不要为你的遭遇而感到懊丧,这就是狮子的生活习性:白天睡觉,晚上狩猎。其实,狮子原本并非要这样做,实在是因为狩猎的艰难,白天的成功率实在太低,不得已,狮子才养成了晚间出猎的习惯。

在一望无际的野外，每当太阳落山，月亮还未升起时，狮子就开始了它们的准备活动。在很多情况下，它们选择接近水源的地方躲藏起来。说起来，狮子有着 100～200 千克的体重，虽然它们追击猎物的速度可以达到 18 米/秒，但狮子进行这种高速度的奔跑，只能维持十几秒时间。由于狮子不适宜长距离追击，伏击就成了它们唯一的选择。据说狮子不太喜欢在明亮的月光照耀下出猎，原因是月光常常会暴露它们隐蔽的身影，从而降低狩猎的成功率。

当狮群在夜色的掩护下，猎捕到一头斑马或长颈鹿之类的大型动物后，便放开肚子饱餐一顿，随后就沉沉地睡去，以等待下一个黑夜的降临。

关键词：狮　夜间捕猎

# 为什么有时候
# 大狮子要吃小狮子

科学家在非洲草原进行动物考察时，发现了一个不可思议的现象，就是号称"非洲动物霸主"的狮子，其幼狮的死亡率高达 80%，这是一个十分惊人的数字。因为，狮子在非洲大草原是所向无敌的王者，除了人类之外，没有更凶猛的野兽去伤害它们。那么，这么多幼狮不能长大成"人"，究竟是什么原因呢？科学家经过长期的观察，终于发现了其中的秘密，这是大狮子虐待小狮子的结果。有时候，不让幼狮吃食，或者将幼狮驱逐出群，使它们成为无依无靠的流浪"孤儿"，遭受饥饿和其他猛兽袭击的厄运。

即使生活在同一个狮群中，许多成年狮子也经常不和幼狮在一起，彼此似乎没有深厚的血肉之情。尤其在食物严重不足的情况下，母狮有时会狠心地把幼狮杀死，当做食物充饥。还有不少懒惰的成年雄狮在饥肠辘辘时，也常常会吞食小狮子。据估计，在野生的小狮子中，大约有1/5被大狮子吃掉。

有人说，大狮子吃小狮子等于父母杀子女，是一种大逆不道的行为。可在科学家的眼里，这是维持生态平衡的一种必要"措施"。因为小狮子生长快，5～6岁就性成熟，能够繁殖下一代小狮子了。如果大狮子不吃掉一部分小狮子，势必造成狮子"人口"大增，而草原上的食草动物就这么多，这将给狮子带来食物不足的严重后果，最终影响到狮子整体的生存。

☞关键词：狮　幼狮　生态平衡

## 雄狮懒，雌狮勤吗

狮子是喜欢群居的动物。一个狮群犹如一个大家庭，由一头健壮的雄狮担任"家长"。奇怪的是，狮群中的雄狮看上去很懒惰，一天中差不多有20个小时在休息睡觉，绝大部分的捕猎任务由雌狮担负。而且，每当雌狮捕到猎物后，先要让雄狮享用，然后才自己进食。

非洲人常常把雄狮说成"懒骨头"、"剥削者"，但生物学家却认为,雄狮不去捕猎,并不是因为懒惰,而是狮群中的成员分工不同,雄狮承担着另外一些重要工作。雄狮究竟为狮群做出哪些贡献呢?最重要的一点,它是狮群的主要保卫者,负责大家的生命安全。一旦发现其他狮群的成员侵入领地,或者袭击群中成员,雄狮就会奋勇而起,对付侵略者。

雄狮体格魁梧,从鼻子到尾尖,足有 3 米长,脖颈上有长而密的鬣毛,昂首挺立,十分威严神气。这浓浓鬣毛,除了能在战斗时保护颈部和具有向雌狮求爱的作用外,更重要的是,它作为狮群威严的象征。因为一头具有浓密鬣毛的雄狮,巡逻在整个狮群的活动地区内,向邻近的狮群炫耀,显示自己的强大。如果一个狮群里的雄狮死了,其他狮群就会很快侵入。

咆哮声也是雄狮用来示威的信号。每当狮吼声起,如同天际发出的隆隆巨声,同时伴随着低哼声,以此来向欲入侵者宣

告：“这里是我们的领土！”亲耳听见过狮吼的人都会有这样
感受：狮子的咆哮是非洲野外最惊心动魄的声音，如果在黑
夜里听到，一定会使你毛骨悚然！

👉 关键词：雄狮　雌狮　狮群　狮吼

## 为什么猪喜欢拱泥土和墙壁

家猪，是由野猪进化来的。

大约在 8000～10000 年以前，原始人类过的是渔猎生
活，当捕获到的野猪吃不完时，或者捕获到正在怀孕的母猪，
就暂时把它养起来，以后这些猪会生小猪，这使人类受到了

启发，于是开始了有意识地驯养野猪，这就是人类养猪的开端。

考古工作者对陕西半坡村遗址的出土文物，应用同位素测定，证明我国养猪至少已有 6000 年左右的历史。

当然，从性情凶悍强暴的野猪，逐渐进化成为现在驯良的家猪，经过了漫长的岁月和人们艰辛的劳动过程。

从现在猪的习性上，我们还可以找到它从野生时代遗留下来的痕迹，例如，猪 喜欢拱泥土和墙壁，也是这个原因。因为猪在野生时代里是没人喂它的，只有依靠自己去寻找所需要的食物，特别是要吃到生长在地下的植物块根和块茎，猪就在生理形态上形成了突出的鼻、嘴和坚强的鼻骨，猪使用这个特殊的鼻、嘴把土拱开，就比较容易吃到泥土里的食物，

同时也吃了些泥土。

也许你会感到奇怪，猪怎么要吃泥土呢？原来野猪吃泥土是要从土中取得自己所需要的磷、钙、铁、铜、钴等各种矿物质。

为了防止猪拱泥土和墙壁，在建筑猪棚时，应该选择坚硬的材料作墙壁和地坪，同时还要注意在饲料中充分供应适应猪生理需要的矿物质。

关键词：猪　野猪

# 为什么马有一张大长脸

马和牛都是食草性哺乳动物，而马的脸却要比牛长得多，这中间有什么特殊原因呢？

其实，只要我们仔细观察马的大长脸，就会发现它的脑袋并不长，而嘴巴倒又长又大。因为马不能像牛那样反刍来咀嚼食物，无法将没咀嚼过的草料吞入到胃中先贮存起来，因此只能依靠那张特别大的嘴。

马在大口吞食草料后，虽然不像牛那样有反刍现象，但是在吃草时会不断分泌出唾液，来弥补这一不足。因为马的唾液含有盐分、粘液和带矿物质的水，能起软化和拌湿干草的作用，以便咀嚼、吞咽和吸收养分。所以说，马的这张大嘴能容纳较多的草，也具有一定的"仓库"作用。

马的大长脸特别有利于进食时观察敌情。因为它的眼睛长在脸的上部两侧，耳朵长在脸的顶端，向上高高竖起，这样，当它的嘴巴伸进茂密的草丛里吃草时，用不着抬头瞭望，就能够眼观四路和耳听八方，预防敌害的突然袭击。

动物学家认为，马的大长脸是在长期进化中形成的，这对动物获取食物和防御敌害都极为有利，也可以这样认为，这种现象是一个适者生存的生动例子。

☞ 关键词： 马　脸型

# 马的耳朵为什么时常摇动

动物的耳朵，都是一种听觉器官。可是，很少有人知道，马除了用耳朵作为听觉器官以外，还能用耳朵表示出"喜、怒、哀、乐"等各种表情。

饲养马的人，一般都从它身体的各种姿势、脸上各个部位肌肉的动作、尾巴和四肢的活动情况,以及嘶叫声音等来观察它的"情绪"。例如马在饥饿的时候,如果未能及时喂给饲料,它就会急得用前蹄不停地刨地。当它受惊时,就会伸出后肢用后蹄乱踢。但是,马的表情最明显部位,要算它的脸部了。其中以耳、鼻、眼睛的表情更为显著。在这些部位当中,又以耳朵的"表情"最容易被人们察觉,因此,有经验的养马人从马耳朵的"表情"可以知道它的心情。

当马"心情舒畅"的时候,耳朵是垂直竖起的,耳根非常有力,只是时常微微地摇动;当它心情不好的时候,耳朵就前后不停地摇动;在紧张的时候,它就高高地仰起头来,耳朵向两旁竖立;兴奋的时候,它的耳朵一般都是倒向后方;当它在劳动后感到很疲劳的时候,耳根显得无力,耳朵倒向前方或两侧;当它困倦而需要休息的时候,耳朵就向两旁垂着;当它恐惧的时候,耳朵就不停地紧张摇动,而且从鼻孔发出一种响声,民间称它为"打响鼻",夜间这种情况特别多。

仅观察马耳朵,就可以知道它许多不同的"心情";如果再看它鼻子和眼睛的表情、尾巴的甩动动作,就可以了解马更多的"情绪"了。

☞ 关键词: 马　耳朵　表情

# 为什么马的脚上要钉蹄铁

提到马,就会想到它的快跑;提起马的快跑,就会联想到"哒哒……"的马蹄声。为什么马奔跑时会发出那么大的声音呢？原来人们给马的脚上穿上了铁鞋——蹄铁。

为什么马的脚上要钉蹄铁？这必须从马的脚趾谈起。

现代生存的马，在它们四肢的趾端都只有一个趾，如果用人手作比较的话，相当于我们的一个中指，其他趾在长期演化岁月中退化了。在这个趾上，同样有类似趾甲的蹄保护着。蹄实际上是一种角质化的

坚硬皮肤。位于趾的前面和侧面的角质层较坚厚,称蹄壁;位于趾的底部前面部分的角质层称为蹄底。蹄壁和蹄底都与趾中的蹄骨紧密结合在一起,组成为一个整体,在奔走时不致摇动。趾的底部,即蹄底的后面部分,角质层较柔软,有一定的弹性,可以缓和来自地面的冲力。蹄并不是全部着地,着地部分仅限于蹄壁的底缘,与地面的接触面小,最适于在干燥的原野和大路上奔驰。

马蹄既然是一种角质化的坚硬皮肤,又是身体重量的支点,经常在坚硬的地面上摩擦,久而久之,蹄上会出现凹凸不平的磨蚀现象,影响马的速度和负重。后来,人们想出一种办法,在马蹄上钉一块蹄铁来保护马蹄,防止蹄的磨损。

钉蹄铁也不是随便钉的。在钉蹄铁之前,必须用蹄刀修整蹄形,把蹄壁的底缘削平,然后选择合适的蹄铁,使蹄与铁紧密吻合,再把蹄钉插入钉孔。下钉的部位是蹄壁底缘与蹄底之间的环状白线处。钉下的蹄钉要向外穿出蹄壁,但不能伤及马的触觉部分。露出蹄壁的钉尖截去一部分,剩下钉的断端弯曲并贴紧蹄壁,把蹄铁固定在马蹄上。

马装上蹄铁之后,还不能算万事大吉。因为马蹄的角质部分像人的指甲一样,能不断生长,假如不检查,不修整,往往蹄会变形,钉上的蹄铁发挥不了作用。因此,每年要进行几次修蹄,蹄铁磨损过多的需及时调换,只有这样,才能很好地保护马蹄,发挥千里马的威力。

关键词: **马蹄　蹄铁　角质层**

# 马为什么站着睡觉

马的身体细长,四肢健壮,善于奔跑。但是马有与其他家畜不同的特性,那就是在夜里喜欢站着睡觉。夜里不论什么时候去看它,它始终站立着,闭着眼睡觉。

马站着睡觉是继承了野马的生活习性。野马生活在一望无际的沙漠草原地区,在远古时期,既是人类的狩猎对象,又是豺、狼等食肉动物的美味佳肴。它不像牛、羊可以用角与敌害作斗争,唯一的办法,只能靠奔跑来逃避敌害。而豺、狼等食肉动物都是夜行的,它们白天在隐蔽的灌木草丛或土岩洞穴中休息,夜间出来捕食。野马为了迅速而及时地逃避敌害,在夜间不敢高枕无忧地卧地而睡。即使在白天,它也只好站着打盹,保持高度警惕,以防不测。家马虽然不像野马那样会遇到天敌和人为的伤害,但它们是由野马驯化而来的,因此野马站着睡觉的习性被保留了下来。

除马外,驴也有站着睡觉的习性,因为它们祖先的生活环境与野马极为相似。

关键词: 马　睡觉　野马

# 牛和羊吃完草后,嘴巴为什么还不停地咀嚼

如果你注意一下正在休息或卧在地上的牛和羊, 就会发

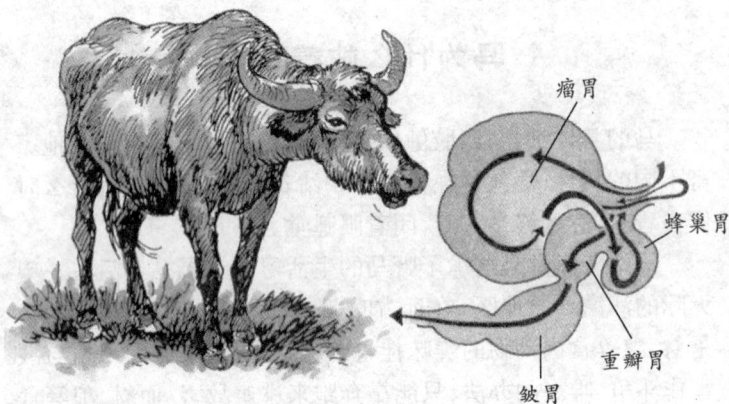

瘤胃

蜂巢胃

重瓣胃

皱胃

现它们的嘴巴总是不停地咀嚼着，好像在吃一种不容易嚼碎的东西。这究竟是怎么回事呢？

原来牛和羊的胃与众不同，一般动物的胃只有一个室，而它们却有四个室，就是瘤胃（第一室）、蜂巢胃（第二室）、重瓣胃（第三室）和皱胃（第四室）。

瘤胃是四个室中最大的一个，其他三个加起来也不到它的一半。瘤胃前面与食管相连，前下方又与第二室相通，因为第二室的内面全是六角形的小方格子，很像蜂窝的形状，动物学家称它为蜂巢胃。蜂巢胃与椭圆形的重瓣胃相通。重瓣胃内有很多大大小小的褶皱，它的一端又与梨形的皱胃相连。皱胃上有分泌消化液的腺体。

牛和羊吃草时，没有嚼碎就吞下去了，食物就暂时储在瘤胃内。瘤胃内没有消化腺，食物在胃中被水分和唾液浸软，再经胃内微生物和原生动物初步消化后，又返回到口中细嚼，重新嚼过的食物吞入蜂巢胃，然后进入重瓣胃，最后在皱胃里进行充分的消化。牛和羊在休息时不停地嚼着东西，就是储存在瘤胃内的草不断地返回到口中重新咀嚼。这种把吃下去的食物重新返回咀嚼的动物,叫做反刍动物。除了牛和羊外,骆驼和鹿也是反刍动物,不过骆驼的胃只有三个室。

反刍是这些食草动物的一种生物学适应。它们能在旷野里很快地吃饱,将食物储于瘤胃中,然后回到隐蔽的地方,将吞下去的食物再返回口中充分地咀嚼。

☞ 关键词: 胃　反刍动物


# 为什么骡子不会生小骡子

"种瓜得瓜,种豆得豆",这是植物界的遗传规律。

动物界也是如此。谁都知道,大猪生小猪,大猫生小猫。然而,也有例外情况,骡子就不能生小骡子。

那么骡子是从哪儿来的呢?

原来,骡子是马和驴的"混血儿"。通常我们把母马和公驴交配所生的驹叫"骡";而把母驴和公马交配产生的驹叫"驴骡"。

那么,骡子为什么没有繁殖后代的能力呢? 我们知道,高等动物都是由受精卵发育而来的。卵细胞产于雌性动物的卵巢,精子产于雄性动物的睾丸。而骡子这种"混血儿",无论公骡和母骡,生殖系统虽然在构造上还较完善,然而,生理机能却不正常。动物工作者研究证明,骡子不能生殖是由于缺少某种激素。公骡的生殖器官不能产生成熟的精子,母骡的生殖器官虽能产生卵细胞,但由于缺乏助孕素,因而产生的卵细胞很衰弱，不久即死，也不能成熟。这就是骡子无法繁殖后代的道理。

关键词：**骡子**

# 四不像今天生活在哪里

"角似鹿而非鹿，蹄似牛而非牛，身似驴而非驴，头似马而非马。"这四句话描述的动物，就是大名鼎鼎的四不像，科学名字叫麋鹿。它与大熊猫一样珍贵，是我国特有的动物。

但可悲的是，在100多年前，野生的四不像已经彻底灭绝，仅仅在清朝的皇家鹿苑

中，还人工饲养着几百头四不像。1894年，北京发生特大洪水，冲塌了鹿苑围墙。苑中的四不像，有的被灾民捕获，杀了吃掉，有的被外国传教士运往欧洲。从此以后，四不像在它的故乡大地彻底消失了，只有在国外还有少量生存。

直到1956年4月，伦敦动物学会赠送给中国两对四不像，才使这种历尽坎坷、灾难深重的动物，离乡背井半个多世纪之后，重新踏上故乡的土地，回归祖国。

由于四不像数量太少，近亲之间无法顺利繁殖，于是在1985年，中国又从英国引进了38只四不像。1986年，我国还在黄海之滨的江苏大丰滩涂上，建立了占地4万亩的自然保护区。与此同时，世界野生动物保护基金会，无偿提供中国39只四不像。经过10多年的驯养，到1996年6月，保护区内的四不像总数已达到268只。

为了实现四不像重归大自然的怀抱，恢复中国野生四不像种群这一目标，动物学家和环保专家通过反复考察和论证，选中湖北省石首地区大鹅洲湿地，作为四不像的大然放养地。首批试放回归大自然的四不像共计30只，其中22只雌性。经过1年多的野地自由生活，这些四不像都长得膘肥体壮，还有9只雌四不像产下了幼崽呢。

👉 关键词：四不像　麋鹿

# 斑马身上的条纹有什么用

斑马形状如驴，是非洲特产的哺乳动物，生活在山地、草原和稀疏的林区,身上长着黑白相间的光滑条纹,很像一幅人工描绘的图案,在阳光的照射下,显得非常美丽,故名"斑马"。

斑马以青草和嫩树枝叶为食,喜欢集群生活,常由一头首领带着进行活动和觅食。它善于奔跑,听觉、视觉和嗅觉都很发达,发觉可疑情况,轮流担任警哨的斑马,立即发出"警报",群集而狂逃。它的自卫和抗敌能力较差,常遭狮子的袭击和追杀。遇到这种情况,有时斑马会成群踢起后蹄,与敌害展开搏斗。

斑马身上条纹的宽窄,与种类有关。美丽的条纹,可以看作是同种之间的识别标记,更重要的是,以条纹作为适应环境的保护色。在阳光或月光照射下,由于斑马身上的黑白颜色吸

收和反射光线的不同,能破坏和分散身形的轮廓,放眼望去,很难与周围环境区分开来。如果它站着不动,就是距离很近,也很难辨出它来,目标不容易暴露,这样可减少被猛兽侵害的机会。这种保护色是长期自然选择的结果,那些条纹不太明显的斑马,逐渐被猛兽吃掉,条纹显著的则容易生存,这样有利于生存的性状一代一代地传下来,就成了今天非常美丽的斑马。

关键词:斑马 条纹 保护色 识别标记

## 貘为什么还能生存到今天

貘和驴、马、犀牛等,同属于哺乳动物中的奇蹄类。现存的貘共有4种:马来貘、南美貘、山貘和中美貘。它们与古代化石貘相比,两者的许多特征完全相同,所以是奇蹄类中最古老、最原始的种类之一。今天,貘只遗留在美洲和东南亚等少数地区,且数量很少,显得特别珍贵,因此有"活化石"之称。

貘,既没有匕首般的牙齿、锋利的爪子,又没有锐不可当

的硬角作为自卫武器,可是却能作为"活化石"繁衍至今,确实属于兽类王国里的一大奇迹呢!

科学家在考察貘时发现,这类动物在选择自己栖息地时,有两个原则:一是有稠密的森林;二是靠近河流、湖泊等水域地带,即使生活在高山地区的山貘也是如此。貘的这种选择颇有道理。因为它们主要吃地上植物的枝、叶和水生植物,在近水的森林环境里容易找到食物。更重要的是,由于貘没有什么自卫武器,但却有高超的游泳本领,不仅速度很快,而且还能较长时间地潜入水底,利用水作为自己的"避难所"。

貘的听觉和嗅觉都很灵敏,视觉也不差,只要发现有危险的"风声",它们便可以在下层丛林中快速往水域方向逃跑,并从河岸或山坡上蹲着往下滑,即刻就能进入水中,逃之夭夭。正是因为貘有这些独特的求生本领,它才能够生存到今天。

☞ 关键词: 貘  奇蹄类  活化石

292

# 扭角羚为什么叫"六不像"

在我国,有一种名叫麋鹿的珍稀动物,被称为"四不像",但"六不像"的动物却几乎没听见过。其实,"六不像"的真正学名叫扭角羚,也是我国特有的珍稀动物。

那么,人们为什么要给扭角羚起这样一个奇怪的别名呢?这要追溯到本世纪的 80 年代。

那时候,美国纽约动物学会国际野生动物资源保护组织负责人乔治·B·沙勒博士等动物学家,与我国动物学家合作,在西藏、四川等地从事野生动物的研究和保护工作。1984年,沙勒博士在四川北部岷山地区考察大熊猫时,意外地见到了我国另一种珍贵的一级保护动物——扭角羚,因为这种动物的形态十分怪异,于是引起了沙勒博士的莫大兴趣。

沙勒博士真的被扭角羚迷住了。他看了又看,最后把这种奇兽

称为"六不像"：庞大的背脊隆起像棕熊，两条倾斜的后腿像斑鬣狗，四肢短粗得像家牛，绷紧的脸部像驼鹿，宽而扁的尾巴像山羊，两只角长得像角马。实际上，沙勒博士说的"六不像"意思是，扭角羚与以上六种动物都有某些相似之处，但又与它们不一样。

☞ 关键词：扭角羚　六不像

# 麒麟是什么动物

在一些民间画屏或雕刻上，有时你可以看到一种十分希奇古怪的兽类：形状像鹿，满身被覆鳞甲，体青口红，额下有长毛，身有火光……有的还长着翅膀。古人称这种动物为麒麟，把它和龙、凤、乌龟合称"四灵"，作为象征吉祥的兽类。

然而，你若拿了麒麟"画像"，到动物界里去找寻，即使踏破铁鞋，也休想找到。

原来，世界上并没有这样的麒麟；真正的麒麟，可能是今天在动物园中经常见到的长颈鹿。为什么说麒麟就是长颈

鹿呢?

　　首先是它的习性和古书上的记载很相似。《毛诗陆疏广要》一书里说,麒麟有蹄而不踢人,有角而不触人,是种含仁怀义的兽类。长颈鹿呢,也是种极温驯的动物。另一些古书上说麒麟不会吠叫,而奔走疾速,一昼夜可行千里,这也和长颈鹿极相符合。因为长颈鹿缺乏声带,是个哑巴,而每小时30千米以上的行速,也确实称得上是匹"骏马"。

　　其次,古书上关于麒麟形体的描写,也和长颈鹿符合。在《明史》的《外国传》中说:麒麟前脚高9尺,后脚高6尺,颈长1丈6尺2寸,有两只短角,尾巴像牛而身体

295

似鹿。动物界中除长颈鹿外,再也没有第二种动物是这般模样的了。

正如我国古书中所记载的麒麟产地一样, 这位动物界中的高个子的老家是在热带非洲。由于非洲离开我国极远,当时这"麒麟"的真身极难运到我国来,所以我国人无法和它会面,以致人们仅仅根据一些传说和记载,再掺入臆测和联想,以讹传讹,逐渐画成这么一副怪相。

实际上,在非洲当地,如索马里,就称长颈鹿为"geri",这和"麒麟"的读音十分相近。而欧美各国的现代语中,长颈鹿的名字也是从阿拉伯语的"zourafa"而来,读音的前半部分和"麒麟"也很相近。在日本,直到现在,日文中长颈鹿还用"きりん"(麒麟)这个名词呢!

☞ 关键词: 麒麟　长颈鹿


# 为什么长颈鹿不会脑溢血

动物王国中,长颈鹿是个头最高的动物,几乎有普通 3 个大人这么高。因为它的脑袋高高在上,离心脏很远,为了把血液送到头部, 就必须提高体内血压, 因此长颈鹿的血压达到 350 毫米水银柱,是正常人血压的 3 倍。

这么高的血压,如果出现在人类或别的动物身上,肯定会导致脑血管破裂,出现脑溢血,可长颈鹿为什么不会呢?

原来,长颈鹿的体内有一套与众不同的"保护装置"。科学家在解剖长颈鹿大脑时发现, 在它的脑子中有一团海绵似的小动脉,形状如网,位于脑底部,这个特殊的结构具有什么用处呢?

　　原来,当长颈鹿高高抬起头的时候,血液因为重力的作用一下子往下流,但流到这团网状的小动脉处时,速度会大大减慢,因此不会发生突然性的脑贫血

现象。

身材高大的长颈鹿遇到要喝水时，头部会下降到比心脏还要低的位置，这时，心脏搏动时产生的血压，会将大量血液猛地涌入大脑。但是，同样因为有了这团网状的小动脉的保护，就不会使脑部突然产生很高的血压。科学家在解释这个现象时说，血液急剧向脑部涌去时，先进入到网状的小动脉中，使这些动脉小血管扩张，起到了缓冲和降低血压的作用。这就像湍急的水流通过许多小水管，再从小水管流进大水管时，压力也会降低一样。

总之，长颈鹿有了这套独特的血液循环装置，不论是抬头或低头，都不会出现脑贫血或脑溢血。

> 关键词：长颈鹿　网状动脉团　脑贫血　脑溢血　血压

# 为什么长颈鹿的脖子特别长

长颈鹿是动物界中名副其实的"高个子"。世界上最高的一只长颈鹿高 5.75 米，比最高的大象还要高 1/3。它所以成为高个子，主要是它的脖子特别长。

为什么长颈鹿的脖子特别长呢？

著名的法国科学家拉马克曾经用"用进废退"和"获得性遗传"的理论，来说明长颈鹿的形成过程。他说：长颈鹿的祖先，祖祖辈辈生活在周围没有青草的环境里，为了生存下去，长颈鹿就要时刻努力伸长脖子，吃树上的嫩叶子。这样经过许多世代以后,脖子就慢慢变长,最后终于形成今天长颈鹿那样的长脖子了。长期以来,人们一直认为这个理论是正确的。

随着遗传学、基因学说的问世,这种说法受到越来越多科学家的怀疑。他们认为,通过后天努力是不可能把性状遗传给后代的,要不然,短跑冠军的后代一定也会是飞毛腿了,但显然这是不合乎实际情况的。

达尔文在1859年所著的《物种起源》中提出了"自然淘汰说",其中心思想是个体为了适应环境而产生变异,由于变异个体在竞争中获得了优势而生存下来,这样代代相传,脖子细长的长颈鹿个体就慢慢起了主导地位。不过,长颈鹿的长脖子究竟能不能遗传,在当时并不很清楚。

现在,综合以上学说以及"突变说"、"隔离说"、"定向演化说"等等学说产生的"综合说",更能反映遗传上的规律。这种学说首先肯定了个体中的突变,而当突变的性状产生遗传后,整个种群的有关性状也会相应改变,再通过自然淘汰,把有利的性状保存下来,不利的性状抛弃掉。长颈鹿的长颈就是这样一步步地发展而来的。

不过,以上说法从根本上来说也属于科学家的推测,因为演化需要相当长的历史来完成,不可能靠短期的实验来加以证明,所以,只有通过科学的不断发展,才能使推测更趋于合理。

关键词: 长颈鹿  拉马克  用进废退  达尔文
变异  遗传  性状  自然淘汰

# 大熊猫会灭绝吗

20 世纪 80 年代初期，大熊猫的主要栖息地——四川省西北部岷山地区发生了大面积的箭竹开花事件，范围涉及 5000 多平方千米。这些竹子，大约每 100 年开花一次，而且开花后就会枯死，新的竹林必须从种子的萌芽期开始，历经 20 ~ 30 年的漫长岁月，才能完全恢复。

不幸的是，大熊猫偏偏是依赖竹子为生的一类动物。从动物分类学的角度来看，大熊猫则是不折不扣的食肉动物，而且它的消化系统也并不适应竹子这种食物，可是，在特定的生存环境下，经过无数年的寻找尝试，大熊猫还是选择了竹子，这实在是一件令人遗憾的事。因为竹子有它定期的开花规律，开花的结果会导致食物的严重缺乏，而且由于大熊猫的肠胃不能完全消化吸收竹子的营养，使得这个憨厚的家伙必须每天把绝大部分的活

动时间花费在采食竹叶上,才能满足它的生长发育的需要。

也许有人会问,竹子开花既然是一种规律,那么,经过漫长的岁月之后,大熊猫应该能适应,否则,今天的世界上早就没有大熊猫这种动物了。这种说法有一定的道理,但是,大熊猫们今天面对的世界,已经与它们的前辈完全不同了。最大的变化是,由于人口的大量增加,人类正在大规模"侵略"大熊猫的生存领域,原本在一大片自由世界里可以来来往往寻觅竹子的大熊猫,现在只能龟缩在自己狭小的天地里,一旦栖息地内的竹子开花,它们连移动觅食的机会也没有。正是人类对土地的大量开发,已经把它们的生存领域分隔成了一小片一小片的孤岛,即使远处有大量的竹林,大熊猫们也只能望竹兴叹,其命运可想而知。

大熊猫在繁殖方面也有两大困难,一是繁殖率低,二是它对选择配偶有非常苛刻的标准。当繁殖季节到来时,好不容易会面的雌雄大熊猫并不会草率地结合,它们必须互相看得顺眼,才有可能成为夫妻,这样一来,种群的发展也就更为困难了。

如果这种状况持续下去,迟早有一天,大熊猫将彻底灭绝。面对严峻的现实,我国政府和国内外众多的科研机构和保护组织,做了大量的工作,不仅把大片的土地还给了大熊猫,而且在各个不相连的熊猫栖息地之间,设计建立了一条"熊猫走廊",使得大熊猫们遇到食物缺乏时,能够在不同区域内自由流动,达到取食的目的。另外,"熊猫走廊"的设立也为繁殖季节的大熊猫们自由择偶提供了更多的机会,相信在这样一个逐渐宽松的栖息环境里,大熊猫种群能够不断地壮大起来。

我国在大熊猫人工繁殖方面的研究也已经持续了近30年,并且在80年代末到90年代期间取得了突破性的进展,最近,中国科学院已经把克隆大熊猫作为了今后3～5年的一项主要工作,当克隆技术日臻完善的时候,担心物种灭绝的人们便可放下心来,可爱的大熊猫也就会和这个世界常伴常相随了。

☞关键词:大熊猫　竹子　熊猫走廊

# 熊和罴有什么区别

"独有英雄驱虎豹,更无豪杰怕熊罴。"这两句诗中所指的熊和罴,到底有什么区别呢?

原来,罴是熊类中的一种。它体长约2米左右,体型巨大,毛色黑褐,俗称"人熊",生物学名叫"西伯利亚棕熊"。

罴称"人熊"的原因,可能是因为它经常像人那样,直立起来走路;其次,它的足印也十分像人的足迹。

罴曾经在我国东北地区出现过,但近几年来我国东北地区已很少发现,这说明罴已经在逐渐稀少、衰落并走向灭绝。

在熊类中,除罴外,还有白熊、欧洲棕熊、黑熊和马熊等多种。

白熊分布在北极区内,如冰岛、格陵兰、加拿大和前苏联北部许多海岛上。主要特征是头和颈比别的熊大,毛色白。棕熊分布在欧、亚、北美三大洲的绝大部分地区,体重可达500千克以上,其中以阿拉斯加的棕熊为最大。灰熊是棕熊的变种，体重比阿拉斯加棕熊小，但性格却和阿拉斯加熊一样凶残。至于黑熊，又叫做月牙熊或狗熊，在我国很常见。

关键词：熊　黑　人熊

# 遇到熊，躺在地上装死能免受袭击吗

身体魁梧雄壮的熊，是动物界中的大力士，尤其它那粗壮的熊掌格外有力，一掌上去，就连老虎、豹子也难以承受。

在中国，还有许多其他国家，流传着这样一种说法，当你在森林中与熊遭遇时，躺在地上装死，便可以免受熊的袭击。很多人对这种说法信以为真，甚至还把它当做经验传授给别人，但它的可靠性却受到了科学家的怀疑。

不久前，科学家通过分析大量的现实资料，得出了完全相反的结论。他们认为，当你与熊遭遇后，在熊向你进攻无法避开的情况下，若想从熊掌下逃生，最有效的方法是勇敢地与熊搏斗。科学家曾经到深山老林进行过认真的考察，一共调查了48位猎人，这些猎人都遭遇过熊，也都与熊搏斗过，没有一人是通过装死而从熊掌下逃生的。

为什么不能在熊进攻时装死？科学家分析说，熊伤人主要有三个原因，一是为了吃人，二是为了反击人，三是为了玩耍。如果遇到第一或第三种情况，装死就等于自杀。

关键词：熊

# 南极为什么没有北极熊

北极熊又叫"白熊",体长可达 2.7 米,肩高 1.3 米,体重 750 千克,个儿仅次于阿拉斯加棕熊,是世界上第二大陆生食肉动物。由于它巨大、凶猛,素有"冰上恶霸"之称,除人类之外没有天敌。

令人不解的是,北极熊为什么只分布在北极地区,而在同样冰天雪地的南极洲,却找不到北极熊呢?据科学家们在南极的长期考察,以及对熊类起源的研究,发现这与地质史演变和熊类出现较晚有关。

大约在 2 亿年以前,南极洲与现在的南美洲、非洲、印度、澳大利亚连接在一起,构成一条统一的大陆,叫做"冈瓦纳古陆"。后来由于地壳运动和海洋的不断扩张,这个古陆发生分裂,南极逐渐与南半球的所有其他大陆分离,并且越滑越远,造成各占一方的格局。大约到了距今 6600 万年时,南极才在今天这个位置上稳定了下来,成为地球上一个独立的"第七大陆"。

从生物进化的角度来说,熊类出现较晚,它的起源只能追溯到 2200 万年以前,这就是说,南极没有北极熊是因为早在熊类出现之前,南极就已经是一个被大洋包围的冰雪大陆,是浩瀚无垠的汪洋大海切断了陆生北极熊的通路,使这种笨重动物无法向南极大陆传播。

关键词: 南极　北极熊　冈瓦纳古陆

# 为什么北极熊不怕北极的寒冷

北极，是一个冰天雪地的世界，面对如此寒冷的气候，许多大型动物都望而却步，但北极熊却能在那儿快快乐乐地生活。为什么北极熊不怕冷呢？

这是因为北极熊的毛皮与众不同，它的特殊结构具有极强的保暖作用。

我们知道，凡是体表温度高于大地温度的动物，都能够用航空红外照相机拍摄下来，而北极熊却拍摄不到! 原来北极熊的体表温度和北极地区冰决的温度几乎是一样的。如果改用紫外照相机来拍摄，北极熊就会被清晰地拍下来，而且在照片上它比周围冰雪的颜色要深得多。这说明北极熊的白色毛皮能

305

够吸收紫外光,所以才被紫外照相机清晰地拍摄下来了。

为什么北极熊的白色毛皮能够大量吸收紫外光呢?原来,用扫描电子显微镜观察北极熊的毛皮,会发现那一根根白毛好像一根根空心管子,毛内不含有任何色素体。平常看上去它之所以为白色,是因为毛管内表面比较粗糙的缘故,就像透明的雪花落在地上显出白颜色一样。再进一步观察,发现这种毛管能够使紫外光沿着芯部通过,就像一根根畅通无阻的紫外光导管一样。这就是说,北极熊能够把照射在它身上的阳光,包括紫外光,几乎全部吸收进来增加自己的体内温度。北极熊有又长、又厚、又密的毛,加上能充分吸收阳光,所以它就不怕北极地区的严寒,它的毛皮也就成了世界上最保暖的毛皮之一。

关键词: 北极熊　毛皮

# 北极熊为什么
# 没有固定的睡眠姿势

如果你注意观察动物睡眠的话,就会发现,它们几乎都有固定的睡眠姿势,而且都有一定的意图。例如狗睡觉时,总是将头朝向外面,比如庭院的大门方向,随时可以观察到外面的各种变化。食蚁兽在睡觉时,喜欢用扫帚状的大尾巴盖在身上,能挡住阳光,起到凉爽作用。马总是站着睡觉,这是为了一旦遇到危险,就能立即撒开腿逃跑。

然而,生活在冰雪世界的北极熊,睡觉时随心所欲,没有一种固定的睡眠姿势。

它的睡眠姿势真是多种多样，有时候把嘴巴和四脚插入雪中，或者横卧在两个冰堆之间。还有的时候，它坐在雪地上睡觉，上半身向前伸直，好像一台吊车，或者整个身体蜷曲起来，如同一个巨大的白毛皮球。

科学家在观察北极熊生活习性时还发现，它常常把头部搁在一块高高的冰堆上，躯体平卧在雪地里，"高枕无忧"地睡起大觉，或者四脚朝天地仰卧和肚子紧贴地面地俯睡。

北极熊的睡眠为什么与众不同呢？科学家认为，北极熊在北极地区称王称霸，没有任何天敌，所以它们的行为常常表现得随心所欲，睡眠就不需要为了某种特殊的目的，拘泥于某一种姿势。还有，北极熊采用多种多样的睡眠姿势，对减轻疲劳很有好处。这就如同人在睡眠时，如果一直处于一种姿势，往往会感到很吃力；相反，经常翻身，不断调换各种睡眠姿势，就会不感觉吃力了。

关键词：北极熊　睡眠

# 为什么把骆驼称为"沙漠之舟"

动物中，最耐劳的要算骆驼。一只骆驼，驮 200 千克重的货物，每天走 40 千米，能够在沙漠中连续走 3 天。空身时，它每小时可跑 15 千米，连续 8 小时不停。所以，用"沙漠之舟"来褒奖它，它是受之无愧的。

在沙漠里行进，经常会遇到狂风四起，黄沙滚滚，天昏地

暗的可怕情况。这时候，骆驼不慌不忙地卧倒，闭上眼睛，浓密的长睫毛就像一层厚帘子，挡住风沙，保护了眼睛。等大风沙过去了，它再站起来，抖掉身上的沙子，不声不响地继续前进……

夏天，骄阳似火，沙漠的气温在50℃以上，在沙漠里行进，就像走在热锅上一样，寸步难行。然而，骆驼却一点也不在乎。它那宽大的蹄子走在沙漠上，像走平地一样，稳稳当当，陷不下去，而且脚底长着一层厚厚的角质垫，好像一只特别的"靴子"，一点也不怕烫。

骆驼最大的本领是，在沙漠中不停地跋涉，能十天半月不喝水。原来，骆驼在干旱情况下，有防止水分失散的特殊生理功能。

骆驼巨大的口鼻部是保存水分的关键部位。骆驼鼻子内层呈蜗形卷，增大了呼出气体通过的面积。夜间，鼻子内层从呼出的气体中回收水分，同时冷却气体，使其低于体温8.3℃。据计算，骆驼的这些特殊能力可使它比人类呼出温热气体节省70%的水分。

骆驼通常体温升高到40.5℃后才开始出汗。夜间，骆驼

往往预先将自己的体温降至 34℃ 以下，低于白天正常体温。第二天体温要升到出汗的温度点上，需要很长时间。这样，骆驼极少出汗，再加上很少撒尿，又节省了体内水分的消耗。

沙漠中死于干渴的人，大多因血液中水分丧失，血液变浓，体热不易散发，导致体温突然升高而死亡。而骆驼却能在脱水时仍保持血容量。骆驼是在几乎每一个器官都失去水分后，才丧失血液内水分的。

有意思的是，骆驼既能"节流"，也注意"开源"。它的胃分为 3 室，前两室附有众多的"水囊"，有贮水防旱的功效。所以，它一旦遇到水，便拼命喝水，除可以把水贮存在"水囊"中外，还能把水很快送到血液贮存起来，慢慢地消耗。

骆驼在沙漠中长途跋涉，需要储备足够的能量。驼峰中贮藏的脂肪，相当于全身重量的 1/5。它找不到东西吃时，就靠这两个肉疙瘩内的脂肪来维持生命。同时，脂肪在氧化过程中还能产生水分，有助于维持生命活动时所需的水。所以说，驼峰既是"食品仓库"，又是"水库"。

关键词：骆驼　驼峰

# 为什么性格温顺的大象会突然发疯

大象是性格温顺的动物，也是人类的好朋友，通常不会干危害人类的事情。但在有的时候，大象会一反往常的温顺性格，变得粗暴凶狠，就像发了疯一般，这其中有什么原因呢?原来，引起大象发疯的根源是酒。我们知道，一个人如果酒喝多了，就无法控制自己的行为，大象也是这样，肚子里的酒精成分一多，就变成无法无天的醉汉，做出各种疯狂举动。可是大象从来不喝酒,怎么会变成醉象呢?

为此，科学家到非洲的一个国家自然保护区进行了长期考察。

那儿有几千头非洲大象，平时很温顺，遇到游客,任人抚摸亲热。在这个自然保护区中，生长着一种高大的玛努拉树，每年雨季到来时，会结出许多汁水甘甜的果实，大象特别爱吃。奇怪的是,这种果实吃得少没什么关系，如果一顿吃得太多，大象就如同喝了烈性酒一样，变得酩酊大醉。

这时候，大象有的躲起来睡觉;有的脚步踉跄，东倒西歪，不时发出震耳欲聋的吼声;还有的乘机大发酒疯，把汽车挤坏，把大树连根拔起，甚至凶猛地追赶游客，连管理员也无法制止,在万不得已时只好开枪打死醉象。

吃果子为什么会使大象像醉酒一样?原来，在这种果实中含有很多的淀粉和糖分，而大象的胃里面又有大量的酵母菌，两者相遇后，大象胃部内就开始"酿酒"，在酵母菌的作用下，淀粉渐渐转化成酒精，这样，大象尽管不喝酒也会变成"醉汉",也会大发酒疯。

引起大象发疯还有另外一些原因。例如，偷猎者在捕杀大象时，子弹射进大象体内，触及到某处神经，大象虽然没死，但发炎的伤口会使它感到格外难受。久而久之，一直受体内子弹折磨的大象，性格将变得越来越暴躁，甚至变得疯狂。

关键词：大象　酵母菌　淀粉　酒精

# 神秘的大象墓地存在吗

几乎所有的哺乳动物，死去后都是横尸野地，但在森林中却极少发现大象的尸体。人们在解释这种奇怪现象时说，大象智力超群，甚至懂得死的概念，当它临终前，会独自离开伙伴，穿过深山密林，来到神秘的大象墓地，在那儿等待死神的召唤。

1938 年，一支进入非洲密林的探险队，发现了一个巨大的洞窟，洞窟中堆满了象牙和大象的尸骨，他们以为，这就是传说中的大象墓地。

消息传开后，很多人为了获取大批象牙，故意将大象打成致命重伤，让临死者挣扎着走到大象墓地。但是，从来没有一个人如愿以偿。

为什么见不到大象尸体？为什么洞窟中有这么多大象遗骸？究竟有没有大象墓地？这些问题引起了科学家的兴趣。

有一位名叫哈维·克罗兹的英国生物学家，在观察研究中意外地发现了一个惊人的现象。一天傍晚，他在一片沼泽地附近，亲眼目睹了一场大象葬礼。

一头老母象因为体力衰弱，终于扑倒在地，这时，周围的几头象一起围上来，发出痛苦的哀号。一头小公象把象牙伸到老母象身下，试图将它抬起，但老母象动也不动，显然已经死去。众象站在老母象附近，低下脑袋，不时用长鼻子抚摸老母象的遗体。最后，大家用土块、草木把死者掩埋起来。这也许就是见不到大象尸体的原因了。

科学家也对那个象牙象骨洞窟进行了研究。原来，这个洞窟的奇特现象是在本世纪 20 年代形成的，那时候，正是人类疯狂捕杀大象的时代，一部分枪口下逃生的大象，躲进了这个洞窟后，恰好遇上一场森林大火，它们被火海吞没，只留下成堆的象牙和累累的白骨。

疑问都有了科学的解释，因此可以肯定地回答说，传说中的大象墓地是不存在的。

☞ 关键词：大象墓地

# 为什么犀牛身上
# 经常有犀牛鸟栖息着

据说三四只大狮子敌不过一只犀牛，因为它的皮坚厚如铁，而且它那碗口般大的一支长角，任何猛兽被它一顶都要完蛋，无怪它在发性子时，连大象也要远远地躲避它。这样粗暴的家伙，却也有它的知心"朋友"，那就是我们所说的"犀牛鸟"。这是一种像画眉般大小的黑色小鸟。

它们之间为什么会成为朋友呢？原来，犀牛虽然有坚厚

的皮肤，但在它皮肤的褶皱之间，却非常嫩薄，常常遭受寄生虫和吸血昆虫的侵袭，感到难受之极。犀牛除了往身上涂泥，来防治害虫以外，就依靠这种小鸟朋友来帮助它消灭害虫。犀牛鸟停栖在犀牛背上，可以啄食那些体外寄生虫，作为自己的主要食料。这种合作生活，生物学家叫它"共生"；也就是两种不同生物在一起谋生，互得利益，互不干扰。

除此以外，犀牛鸟对犀牛还有一种特别贡献，就是会及时地向伙伴"拉警报"。原来，犀牛的嗅觉和听觉虽灵，视觉却非常不好，若有敌人悄悄地逆风偷袭而来，它是觉察不到的。遇到这种情况，犀牛鸟就会飞上飞下，忙个不停，以此引起"朋友"的注意。

非洲有些部落的人,竟把他们敬爱的人称为"我的犀牛",原来他们把自己比喻作犀牛鸟啦!

> 关键词: 犀牛　犀牛鸟　共生

# 为什么河马身上有时会"流血"

我们知道,河马虽然属于陆地动物,但它的大部分时间仍呆在水中。当然,河马有时也会到陆地溜达一番,顺便找些可吃的食物。

动物学家在观察河马陆上活动时,发现了一个奇怪的现象,那就是在河马光洁溜滑的皮肤上,有时会渗出红色的"血液",当"血液"越渗越多时,全身变成了暗红色。

这使动物学家感到大惑不解,河马为什么会无缘无故地"流血"?

通过进一步的观察研究,河马"流血"的秘密终于被解开了。原来,河马的皮肤很厚很亮,但没有汗腺,不能像人类那样通过流汗来降低体温和湿润皮肤。当河马呆在水中时,缺少流汗这个功能,对它毫无影响。可是到了陆地上,皮肤缺乏水分后可能会引起干裂,这时候,河马就通过"流血"来加以弥补。

实际上,这种红红的东西并不是血,而是皮肤分泌出来的一种红色特殊液体。它的作用就像涂在家具表面的油漆那样,能够保护皮肤,防止皮肤干裂。

☞ 关键词:河马　汗腺

# 为什么河马的感觉器官
# 都在头顶上

说起河马,它的长相真是难看极了。粗壮肥胖的身躯,

一张特别大的嘴巴上却长着两只特别小的眼睛，看上去很可怕。尤其当它张开大嘴时，简直能吞下一个人，但幸运的是，河马不仅不吃人，连"荤菜"也不沾边，只吃水草和嫩枝嫩叶。

如果你仔细观察河马的模样，会发现一个有趣的现象，就是它的眼睛、鼻子和耳朵几乎都长在头顶上，与普通的野兽不一样，这中间有什么道理呢？

原来，河马虽然属于陆地动物，但它特别爱呆在水中，常常等到夜深人静的晚上，才爬上岸寻找食物吃。由于这样的生活习性，河马的感觉器官长在头顶上，特别适合水中生活的需要。因为，当它庞大的身躯全部浸入到水中时，只要微微露出脑袋，感觉器官正好超出水面一点点。这样，河马既能很好地隐蔽自己，又能通过水面上的眼睛、鼻子和耳朵，看到外面的世界，呼吸到新鲜的空气，听见周围的动静，真是一举两得。

其实，除了河马之外，生活在水中的鳄鱼和青蛙，在这方面与河马也有相似之处。

☞ 关键词：河马　感觉器官　鳄鱼　青蛙

# 海兽以肺呼吸，为什么能在
# 水中停留较长时间

海兽包括海獭、海豹、海狮、海豚和鲸等，它们和陆地上的牛、马、羊一样，也用肺呼吸，虽然必须经常露出水面，但是能够在水中呆较长时间。例如海獭的最长潜水时间可达20~30分钟；威德尔海豹可潜到600多米深的水下，持续43分钟；大型鲸类在水中甚至可以呆上1~2个小时。

海兽既然以肺呼吸，为什么在水中呆这么长时间而不会窒息死亡呢？根据科学家研究，发现海兽体内有特殊的储氧"仓库"，那就是它们与众不同的血液和肌肉。

我们知道，血液中可以容纳大量的氧气和二氧化碳气体，而海兽的血液所占其体重的比例，通常比陆生动物多。例如人的血液，一般约占其体重的7%，而海豚的血液却占其体重的10%~11%，海豹约为18%，象海豹则达到19%~20%。

除了血液外，肌肉也能储存氧气。海兽的肌肉中有一种肌红蛋白，十分容易和氧结合。当它们露出水面换气时，吸入的氧气有一部分就和肌红蛋白形成化学的结合状态，储存在肌肉中，供肌肉活动所消耗。这种肌红蛋白越多，储存

的氧气也就越多。海兽肌肉中所含的这种肌红蛋白,要比陆生动物高若干倍,储存的氧气可占其全身储氧量的50%。正因为肌肉中含肌红蛋白比较多,所以,鲸肉和海豹肉的颜色都呈深紫色。

还有,海兽平时呼吸频率虽然很低,但摄氧和耐二氧化碳的能力却很强,这对它们水中生活也是有益的。人平时呼吸一次,只能更换其肺中气体的15%～20%;而鲸类却能更换80%以上。多数陆生动物,包括人在内,对血液中的二氧化碳很敏感。如果空气中的二氧化碳含量增加,人的呼吸频率就会加快,当吸入空气中的二氧化碳达5%时,呼吸频率就会增加到平时的5倍。但海兽却不然,尽管血液中的二氧化碳增多,也不会产生强制呼吸。有人做过实验,给海豹戴上特殊的呼吸面具,让它呼吸限定的气体,发现其中的二氧化碳含量高达10%时,海豹的呼吸活动仍保持正常,这对它较长时间的水中生活很有帮助。

☞ 关键词: **海兽  血液  肌肉  肌红蛋白**

## 儒艮为什么被称为美人鱼

如果你到自然博物馆或者海洋公园去参观,讲解员会指着儒艮和海牛对你说,这就是美人鱼,可是任何人都难以把眼前的动物与这个美丽的词汇联系起来。那么,儒艮和海牛又怎么会被人称为美人鱼的呢?

在人类历史的发展过程中,出现了许多幻想型的动物,这些虚幻动物有的是以真实动物为雏形演变而成，还有的则是通过人想象虚构后，再与现实动物结合而来的。但无论哪一种情况，虚幻和现实之间总是相对应的，儒艮既然被人称为美人鱼，自有它与人类相似的地方。

中国古代的《山海经》中曾经提到过人鱼，日本的《和名抄》中也对人鱼作过描述，不过，迄今为止最为有名的人鱼可能就是荷马著名史诗《奥德赛》中的塞伦了。起初，塞伦是一个人面鸟身的怪物，到了中世纪以后，这个怪物长出了鱼尾，于是，塞伦变成了上半身是漂亮女性，当中有翅膀、鸟脚，腰部以下是鱼尾的动物。

第一个把儒艮与人鱼结合起来的是 19 世纪法国的博物学家库伏，他宣称"人鱼的真面目是儒艮"，于是，塞伦的名字就成了包括儒艮和海牛的海牛目动物的专用名词。

那么，儒艮和人类有哪些地方相像呢？首先是它有体毛，能够站立在海洋中；其次是儒艮的乳头位于前肢根部的地方，

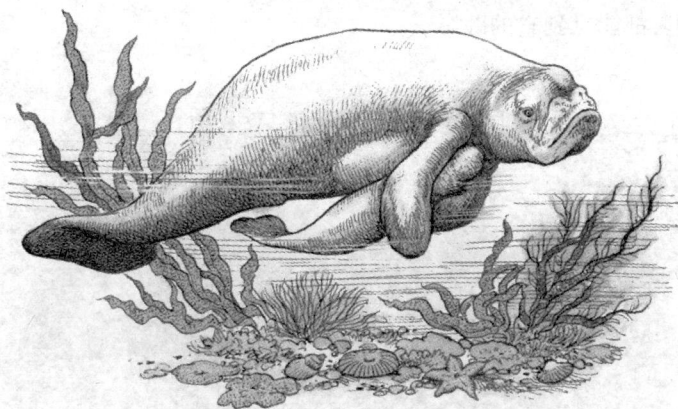

也就是胸部的位置，当它们处于哺乳期时，会变得非常突出，与女人的双乳相似；第三是儒艮有 2 个外鼻孔，而且具备了关节，使它能灵活地运动前肢。凡此种种结构，就使人们想象在哺乳期到来时，儒艮手抱幼儿哺乳的场景。

现在，我们已经清楚了，虽然儒艮的外形与人类千差万别，但是，当它们从波涛汹涌的大海中探出半身时，朦胧中我们还是对它会有一种"贵妃出浴"的感觉，再经过文学家的渲染，动物学家的肯定，儒艮就有了"美人鱼"这样优美的名称了。

☞ 关键词：美人鱼　儒艮　海牛

# 海象与大象是近亲吗

大象是人人熟悉的动物，在热带密林中，或是在动物园里，都能见到它的踪影。

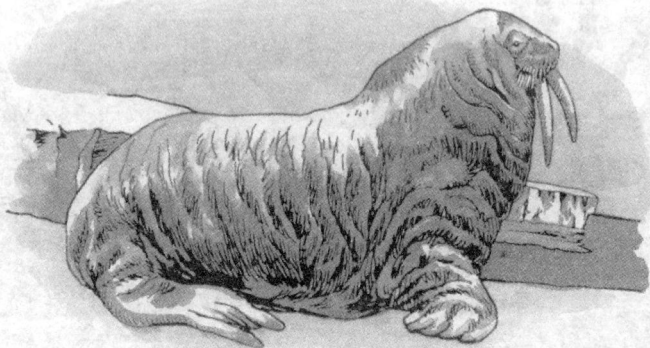

有人说，海象是海洋中的大象，至少它们的关系很密切。其实，两者之间并没有什么亲缘关系，相反，它们在形态、生理和习性上有很大的差异。

大象步行于陆地上，四肢粗壮如柱；而海象游泳于水里，四肢呈鳍状。大象主要以树芽、野芭蕉、竹笋、野瓜等植物为食；而海象主要从海底的沙里挖掘有壳的软体动物吃。大象有一条长长的鼻子、两只大大的耳朵，而海象却没有。在个头上，海象的体长虽然可超过 4 米，体重达 1.5 吨，但是比起大象来还是小巫见大巫，差距甚远。从动物分类上来说，海象与海狮、海豹是近亲，同属于一类——鳍脚目，而大象则自成一类——长鼻目。就分布区域来看，大象生活在亚洲和非洲，而海象则是北极地区的特产。

既然海象与大象有如此多的不同地方，为什么"海象"的名字中也放上一个"象"字呢?原来,这是因为海象也有两根大象那样的白色长獠牙。雄海象的牙比雌的长,大约有 40 ~ 70 厘米,最长的可达 1 米,因而使它当之无愧地获得了海象的称呼。另外,海象的皮肤与大象一样,也是厚而多褶皱,体毛稀疏。

关键词: 海象　大象

# 鲸为什么会喷水

研究鲸类的科学家,能发觉活动在几千米范围内的鲸类。他们凭什么知道在波涛澎湃的大海中有没有鲸呢?

原来鲸类有一个容易暴露自己的"缺点"。鲸虽然生活在水中,却仍旧要用肺呼吸大气中的氧气。鲸的鼻孔与别的哺乳动物不同,它没有外面的鼻壳,鼻孔开口在头顶两眼中间。有的种类两个鼻孔靠在一起,有的种类两个鼻孔并成一个孔了。鲸的肺很大,如蓝鲸的肺重约 1500 千克,肺内可装上15000 升空气。这样大的肺容量,对鲸来说有很大好处,可以使它不必经常浮在海面上呼吸空气了。但是潜水时间也不能太长,一般过了十几分钟后,还是需要露出水面透一透气的。换气时,先要把肺中大量的废气排出来。由于强大的压力,喷气时发出很大的声音,有时竟像小火车的汽笛声。强有力的气流冲出鼻孔时,把海水带到空中,在蓝色的海面上就出现了海中的喷泉。在寒冷的海洋里,因为那里的空气比肺内的空气冷,肺中呼出的湿空气因变冷而凝结成小水珠,也能形成喷

322

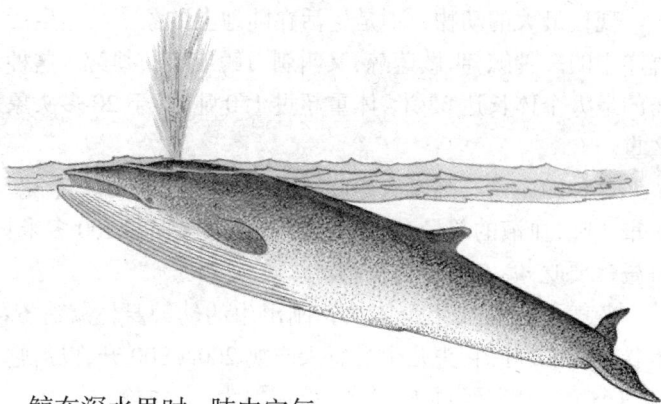

泉。鲸在深水里时,肺中空气
受到强烈的压缩,压缩的蒸汽
有力地扩散,也造成了喷泉。

各种鲸喷出的水柱,其高度、形状和大小是不同的,例如
蓝鲸的喷水可达 9～12 米高,从远处观察,不但能根据喷水发
现鲸类,还能判别鲸的种类和大小呢!

关键词: **鲸  肺活量**

# 从古到今最大的动物是什么

当我们到动物园去参观的时候,总喜欢去看看大象。看了
它那壮大的身躯,笨重的体形,你也许以为它是世界上最大的
动物吧!

其实,最大的非洲象肩高也只有 3.5 米左右,体重不过
6～7 吨。亚洲象肩高最多 3.2 米,体重最大只有 5 吨多。

现代最大的动物，不是生活在陆地上的象，而是生活在海洋中的一种鲸，叫做蓝鲸，又叫剃刀鲸或蓝长须鲸。这种动物的最大个体长达33米，体重超过150吨，等于20多头象那么重。

这种鲸光是心脏就有600～700千克，肺有1500千克，舌头重3吨，血液的总量有8～9吨重，肠子拉直有200多米长，每昼夜要吃4～5吨重的食物。

蓝鲸不仅是成年个体大，刚出生的幼鲸身体就有6～7米长，重约2吨。它头几个月每天吃奶200～300升，以后吃大量的小鱼、小虾，经过1～2年，就成熟为巨大的鲸了。

蓝鲸的确是现代最大的动物了。

如果让我们回到1亿年前的恐龙时代，那些被称为"洪荒巨兽"的恐龙们，与剃刀鲸比较究竟谁大呢？

就拿北京自然博物馆陈列的鸭嘴龙来说，它只有17米长，8米多高。拿我国1957年发现的合川马门溪龙来说，从头前端到尾末端也只有22米长。根据全世界发现的最大恐龙的记录，体长不过30米，体重最多80吨。因此，蓝鲸不仅是最大的哺乳动物，也是从古到今最大的动物。

那么，是不是所有的鲸都是很大的呢？也不是。如同不是所有的恐龙都是很大的一样，鲸类中也有个体很小的，如分布在我国长江中下游、东海、南海，以及印度洋的江豚，身长就只在1.2～1.6米之间。

是不是那些大鲸自古以来就那么大呢？当然也不是。世界上没有什么东西是一成不变的，鲸类也一样，它们是在5000多万年以前从陆地进入海洋的哺乳动物，当时并不很大。但是它们经过复杂而又迅速的改变，到了4000多年前，就已经完全适应于海洋生活，并出现了个体长达 33 米的巨鲸了。

关键词：蓝鲸　恐龙

# 鲸类的祖先是谁

鲸类被人们称为地球上的"庞然大物"，其实它也包括个头比较小的各种海豚。

按照一般的生物进化规律，动物由水生向陆生、大型向小型演化，而鲸类却朝着相反的方向进化。

根据生物化学和遗传学的研究，科学家们认为，鲸类的祖先是陆生有蹄哺乳动物。通过化石记录揭示，这种哺乳动物生活在 5000 万年前，具有 5 个爪状蹄，形状似狼，属于中兽类。

中兽类，是原始陆生有蹄哺乳动物的一个科，曾分布于北

美洲、欧洲和亚洲。它们的个头,小的如狗,大的则像熊。其中狼形哺乳动物生活在海洋边缘周围,具有简单的牙齿,既能在陆地上捕猎较大食肉动物,又能到浅水处捉鱼吃。后来,它们向东伸展,从现今的地中海至印度,过着水陆两栖生活,习性很像水獭或海豹,用四肢在海洋周围移动。这样的生活持续了很长时间,狼形哺乳动物逐渐演变成为早期的鲸类。

在目前所知道的鲸类中,灰鲸被认为是现存鲸类中最原始的种类,外貌笨拙,体长在 10~15 米之间,重量可达 30 多吨,可能与陆生动物有比较接近的关系。如果说,灰鲸的祖先真是狼形哺乳动物的话,那真是"小祖宗"演变成了"大后代"。

☞ 关键词: 鲸　中兽类　狼形哺乳动物
　　　　灰鲸

# 龙涎香为什么
# 仅出自抹香鲸的腹内

据记载,1912 年 12 月 3 日,一家挪威捕鲸公司在澳大利亚水域里捕到一头抹香鲸,从它的肠子中获得一块特大龙涎香,并以 23000 英镑的巨价出售。

龙涎香为灰色或微黑色的蜡状物,是一种极为名贵的定香剂,目前还不能人工合成,所以显得格外珍贵,价值远远超过黄金。

当龙涎香燃烧时,香气四溢,酷似麝香,但比麝香更幽雅,被熏之物,能在较长时间内芳香不散,抹香鲸的名字也是因此而来的。近代的调香师们，仍然把龙涎香视为珍宝，因为香精中加进极少量的龙涎香后，不但能使香气变得柔和，而且留香特别持久。

令人不解的是，世界上的鲸类种数很多，而龙涎香为什么仅出自抹香鲸的腹内呢？原来，抹香鲸主要捕食乌贼、章鱼等头足类动物，这些动物口内有坚韧角质的颚和齿舌，不易消化，抹香鲸吞食之后，肠道内受到了刺激，便会分泌出这种特殊异物——龙涎香。一般每块龙涎香不超过几千克，大的有60千克。

龙涎香还是名贵的药材，具有化痰、散结、利气和活血等功能。

关键词：龙涎香　抹香鲸

# 抹香鲸为什么不会得潜水病

潜水病也叫减压病，主要是由于空气中的氮气在水中高

压条件下，过多地溶解到血液中去，如果减压太快，就会形成气泡释放出来，这和打开汽水瓶塞会突然冒出气泡的道理一样。气泡会堵塞血管，严重者可导致死亡。人在潜水作业时，需要不停地补充空气，肺泡不收缩，一直不停地进行气体交换，氮气必然会溶解到血液中去。如果他们潜水较深、持续时间较长，上浮速度快，就很容易得潜水病。

令人不解的是，在鲸类王国里有"潜水冠军"之称的抹香鲸，最深可潜2200米，而且既能迅速下潜，又可骤然上浮，在这么深的范围内上上下下，却不患潜水病，这是什么原因呢？众所周知，任何物体入水越深，所受周围水的压力就越大，千米深处，受到的压力就将达到110多个大气压。如果按照人得潜水病的原因推理，抹香鲸就极容易患潜水病，可是事实却相反，因为它在潜水时，胸部会随外界压力的增大而收缩，肺也

随之缩小,肺泡变厚,气体交换停止,这样氮气就不会溶解于血液中,所以抹香鲸就不会患潜水病。

## 须鲸的身体特别大,
## 为什么偏偏吃小鱼小虾

鲸的种类很多,动物分类学家根据它们的特点分成两大类:一类身体很大,在口内没有牙齿,只长有像梳子一样的须来代替牙,所以称它们为须鲸类。另一类口内长有牙齿,所以称它们为齿鲸类。

世界上最大的鲸是蓝鲸,又名剃刀鲸,体长33米,体重超过150吨,相当于几十头大象。刚出生的幼鲸身体就有6~7米长,重约2吨。

须鲸除去口中生有很多一片片的鲸须之外,肚子上还有很多褶皱,像手风琴的风箱那样,可以大,也可以缩小。这样,在水里吃起食物来很方便,可以撑大肚子,连海水一起吞到口中,然后闭上嘴,再把水从须缝间压流出口外,只咽下食物。但它因为没有牙齿,不能咀嚼大块的肉,所以只能依靠吞食小鱼小虾过活。

小鱼小虾身体虽很小,但在海洋中大量存在。须鲸既有足够的食料,而且又不需要咀嚼,所以这一类鲸就成了专门吃小鱼小虾的鲸了。就像我们吃米饭,虽然每一颗米粒很小,但吃得多也就饱了,须鲸吃小虾也是这个道理。身体大小和食量有关系,大动物吃得多,小动物吃得少,但对所吃的食物本身的大小是没有关系的。

☞ 关键词: 须鲸　齿鲸　鲸须

# 为什么鲸会"集体自杀"

　　1985 年 12 月 22 日早晨,我国福建省打水峿湾,潮水汹涌,海浪滔天,福鼎县秦屿镇建国村的渔民正在海上进行捕鱼作业。突然,一头 10 多米长的抹香鲸闯入了捕鱼作业区,渔民们马上用大网将其团团围住。然而,这头海兽不肯束手就擒,拼命翻滚吼叫,企图挣脱逃跑,无奈被鱼网紧紧缠住,动弹不得。就在此刻,渔民们发现 1～2 千米外波涛翻滚,一群抹香鲸凶猛奔腾而来,然后在那头被捕的抹香鲸周围游弋,并用身体隔网摩擦被围的同伴,以示安慰;同时横冲直撞,攻击渔船,显得非常愤怒。渔船在鲸群的攻击下,上下颠簸,几乎倾覆,渔民们惊恐万状,奋力搏斗。人、鲸相持了 3～4 小时后,海水退落,鲸群全部搁浅,横卧海滩。这是我国有记录的第一次抹香鲸集体"自杀"事件,在国际上亦颇有影响。

　　类似的现象在世界各地也有出现。1970 年美国佛罗里达州皮尔斯堡沙滩,有 150 多头逆戟鲸不顾一切地冲上海滩。1979 年 7 月 17 日,加拿大欧斯峡海湾,130 多头鲸不顾人们的阻挠,横尸海滩。1981 年 9 月 9 日,在澳大利亚的塔斯马尼亚岛的一个海滩上,160 头巨头鲸"自杀"丧命。1984 年 3 月 13 日,法国奥捷连恩湾,32 头抹香鲸在沙滩上搁浅被困,大多数是雌鲸,个个流露出一种惊恐万分的神色,它们的哀叫声传到 4 千米以外,仿佛是在向人们和同类发出祈求,迫切需要营救而脱险。

鲸的集体"自杀",一直是动物学界的一个难解之谜。鲸虽然也有一定程度的智慧,但它不具有人类同样的喜、怒、哀、乐感情,不可能有真正类似人的自杀行为。

那么,鲸类为什么要集体"自杀"呢?科学家为解开此谜,费尽心机,绞尽脑汁。

荷兰学者范·希·杜多克发现,鲸类遇难大多发生在低注的海岸、沙质的浅滩、海滨浴场、布满砾石或淤泥的冲击土层,以及远离海洋中心的凸出的海角。登陆死亡的原因可能是因为迷失了方向。鲸类的视觉很不发达,基本上是用声音在水下"看"东西的。它要向探测的目标发出幅度很广的超声波,然后根据反射回来的信号,判断目标的方位决定如何行动,这叫回声定位。而斜坡、海滩等不利地形,常使它的回声定位受到干扰。这样,它的行动被扰乱了,就东撞西窜,因而有时落入死亡的"陷阱"——陆地。

另外,有的学者认为,涨潮和退潮、暴风雨和剧烈拍击的海浪所造成的水位波动,加上海边倾斜的海滩这个地理条件,是导致鲸类登陆的重要原因。随着浪峰游近岸边的鲸一旦和倾斜的海浪相接触时,就在原地停住,而后接踵而来的细浪,夹带着淤泥与沙子形成障壁,使鲸无法克服这一障碍返回大海。

可是,为什么鲸类的登陆死亡,总是采取集体行动呢?

有的专家认为,这是由于生物保护物种的本能,促使鲸类向发出求救信号的同伴靠近,最后造成同归于尽的惨剧。

最近，科学家们又有一个新的有趣的发现。他们认为，鲸常受到一种叫鲸虱的寄生虫的侵扰，鲸虱有硬的外壳，它能咬破鲸皮钻入皮中吸血并寄生在那里，一群鲸虱能吃掉大块的鲸皮而使鲸痛苦不堪。鲸可能是为了摆脱这些寄生虫的折磨，拼命想找到一个尽可能被淡化的水域，如小海湾、河口等。一旦来到淡水里，鲸虱就会离鲸而去。但在淡水中，常因海水退潮而搁浅，使鲸这样的庞然大物不能再返回大海。

至此，奥秘并未彻底揭开，科学家们还没找到相应的措施，来防止鲸类登陆的悲剧继续发生。因此，这一自然之谜仍将吸引着更多的人们去寻根究底。

关键词：鲸　回声定位　鲸虱

# 怎样营救搁浅鲸类

1946 年 10 月，阿根廷的一个海湾浴场上，853 头鲸向岸边游来，全部搁浅在沙滩上，无一生还，鲸尸几乎布满了整个浴场。类似于这样的鲸类"自杀"惨剧时有发生，导致了大量的鲸死亡，甚至整个鲸群一起毁灭。

我们知道，鲸是世界上最大的动物，也是相当珍贵稀少的动物。为了避免以上的惨剧发生，科学家们试图寻求一个营救搁浅鲸的方法，但做到这一点要面临两大困难：一是鲸类往往是集体搁浅，而且个头很大；二是鲸类常常"不听人话"，不能配合营救工作。

不过，我们有可能在不伤害鲸类，以及救护人员力所能及的条件下,促使个体较小的动物再次浮入海中,获得新生。有时候,一些得到营救的动物,在适宜的环境下,能够恢复正常生活,而一旦搁浅动物个头相当庞大且受伤时,或者搁浅地带十分偏僻,救护人员难以到达时,那么唯一的预防搁浅再次在同地区发生的办法,是只好忍痛割爱,毁灭现场,以免其他鲸可能出于"集体主义精神",继续前来"自杀"。

面对搁浅的鲸类,究竟采用哪些具体的营救措施呢?由于鲸类生活在海洋里,时时刻刻离不开水,一旦离开水搁浅在海滩上,身体会很快过热以致皮肤破裂,所以营救措施的第一步,就是不停地往鲸身上浇洒海水,并用湿润的棉麻布遮盖其身,仅露出鼻孔给它呼吸。

当搁浅的鲸的生命得到了暂时的保证,接下来就需要调集交通工具,尽快将搁浅动物运到浅水处后,再用担架或网兜把它们的躯体小心提起,切不可众人用手抬拎它们的鳍或尾部。因为它们的身体很大,不注意就会造成伤害。

鲸类搁浅以后,常常处于昏迷或混乱状态,所以救护人员必须在水中支撑其躯体,直到它们恢复平衡并能自由游泳为止。

关键词:鲸类搁浅　营救鲸类

# 海豚为什么会救人

从古到今,关于海豚救人的故事和传说很多。其中最出名的要数阿里昂的故事了。据希腊历史学家希罗多德记述:一

333

次,有位叫阿里昂的音乐家,带着大量钱财乘船返回希腊的科林斯。在航海途中,水手们垂涎他的钱财,起了谋财害命之念,威胁说要杀死他。阿里昂见势不妙,祈求水手们允许他演奏生平最后一曲,奏毕便投入大海的怀抱。谁知阿里昂优美动听的音乐,已经把海豚吸引到船的周围,正在他生命危急之际,海豚游了过来,它们驮着他,一直把这位音乐家送到伯罗奔尼撒半岛。这个故事虽然流传已久,但许多人仍感到难以置信。可是近年来,关于海豚救人的报道越来越多,事实表明海豚救人并不是杜撰的。

　　至于海豚为什么会救人,曾有人认为,海豚的智慧接近人类,可与黑猩猩媲美,具有救人的意识。可是多数科学家提出异议,认为海豚还不具有救人的意识,因为有意识地救人,必须首先要有判断能力,其次要有救人的责任感,第三还要有把人救上岸的正确行动。海豚虽然聪明,但它终究是动物,要综合这些复杂的救人思维过程,显然是不可能的,所以属于无意识救人。

据海洋生物学家长期观察研究，认为海豚救人与它的固有行为有密切关系。

幼海豚产出后，母海豚会将它托出水面，甚至可达几小时、数天之久。海豚彼此之间也常常互助，特别是帮助某个生病或负伤的同伙。海豚性喜玩耍，经常推动海面的漂浮物体游戏，而且它们对人很友好，甚至会主动找人玩耍。因为海豚具有这些固有行为，所以当它们遇到一个溺水的人时，会误以为是一个漂浮的物体，本能地将其托起，并推上岸去，从而使人得救。

👉 关键词：海豚　固有行为

# 海豚为什么能高速游泳

根据流体力学专家的计算，海豚每小时的游速不可能超

过 20 千米。而事实呢?海豚每小时的游速可达 70 千米,当它受到惊扰或追捕猎物时,时速竟然可达到 100 千米,因而有人称海豚为"游泳健将"。

海豚的游速为什么如此快呢?科学家发现,原来海豚除了良好的流线型体形以外,还有特殊的皮肤结构。

海豚的皮肤基本上可分为两层:外层是 1.5 毫米左右厚、极软的海绵状表皮;内层是大约 6 毫米厚、致密而结实的真皮,真皮上有许多乳头状突起,突起下有稠的胶原纤维和弹力纤维,交错地排列着,在两者之间充满脂肪。这种皮肤结构像减振器一样,在海波之中可以减弱体表水流的振动,防止湍流的发生,使水的摩擦阻力减到最小的程度,因而海豚能够高速游泳。

德国火箭专家克拉默尔,于 60 年代发现了这个谜,就用橡胶仿造海豚皮的结构,制造成了"人造海豚皮",套在鱼雷和船只上做试验,使鱼雷和船只前进时的阻力减少了一半。现在,已能进一步用人造海豚皮包在小型船或潜水艇外表,使它们的航速大大提高。如果进一步改进的话,人造海豚皮甚至可以用于飞机以提高飞行速度。

☞ 关键词:流线型　皮肤结构

# 为什么说海豚是智慧动物

在动物界中,海豚被公认是聪明的动物。例如在水族馆中,海豚在训练员的指挥下翩翩起舞,它的那些高难度动作,即使是人类的近亲大猩猩和猕猴,怕也不得不心悦诚服。

那么,海豚怎么会那么聪明的呢?为了揭开这一谜底,科学家们解剖了它们的大脑,结果令人大吃一惊,原来海豚的聪明是天生的。

人类之所以聪明,从解剖学的角度来看,一部分原因是因为我们有较重的大脑。人的脑重有 1400 克,马有 800 克,大猩猩有 500 克,猕猴有 75 克,而一种名叫大西洋瓶鼻海豚的脑子竟然有 1500 克的重量。当然,脑重并不能完全说明问题,因为还有体重的不同,脑重与体重之比才能更好地反映客观事实,这个比值在人类中是 1.93%,马是 0.154%,大猩猩是 0.31%,猕猴是 0.58%,而大西洋瓶鼻海豚居然是 0.6%,显然,海豚在这方面比大猩猩和猕猴更优越。

研究还发现,海豚大脑半球上的褶皱甚至比人类更多、更复杂,而它的神经细胞密度也与人类和黑猩猩不相上下,可以这样说,从脑子的结构来看,海豚完全可以和灵长类相媲美。

面对这么聪明的动物朋友,人类非常想与之沟通,了解它的语言和行为,可惜的是,海豚使用的声音频率大多在 200 ~ 350 千赫的超声波区域内,而人类通常只能听到 16 赫 ~ 20 千赫的声音频率,好在我们可以借助科学仪

337

器来记录海豚的发音,不过,如果要在声音和行为之间找出一些规律性的东西来,肯定还有大量的工作要做。

最近,美国医学界和心理学界在治疗儿童自闭症的时候,想到了海豚这样一位善解人意的好朋友,他们让患病的儿童和海豚一起游戏,结果令人十分鼓舞:海豚使得这些儿童找回了自信。这一现象再次证明,海豚确实是一类不同寻常的智慧动物。

☞ 关键词: 海豚　脑重　智慧动物

# 猴子的"缓和行为"有什么意义

弱小动物在碰到强壮动物时, 常常会做出平息对方凶性或杀气的动作,以达到压抑其攻击情绪的目的,这叫做"缓和行为"。

雄猴往往希望接近带仔猴的母猴,而母猴却会行凶不让亲近,仔猴也会哇哇大叫。这时,雄猴为了压抑对方的反抗性,先作友好的舞动,以讨好仔猴,母猴见到这一情景,也就与雄猴和平共处了。

为了消除敌对情绪,不论是雌和雄、雄和雄或雌和雌,两猴相遇互碰身体,接触体毛,敌对的心态就会大大减少,紧张的气氛得到缓和。猴群里,常常出现因一只强壮者的挑动而引起打群架。此刻,只要一只猴子出来精心地为这个"肇事者"梳理体毛,把它的疯狂心态安抚下来,整个猴群就会立即太平无事了。

强者欺侮弱者是动物世界里常见的事，不过弱小动物一见到强壮动物时，只要做出缓和动作也就没有事了。例如生活在峨眉山的众多猴子中，经常能见到这样的情况，一只凶猛的大猴子向另一只猴子蹿来，而后者一见前者的到来，马上转向，背对来者，并扭动屁股。"给屁股看"，这在人类中是一种令人恶心的行为，但在动物中却是缓和争斗紧张气氛的表现。此时，来者也会同样做出扭屁股的动作，这种状况，在动物学上叫做"无挑逗性"行为。

科学家发现，鸟类也有缓和行为。例如鸟类在求爱时，雌鸟常常会因不愿意而对雄鸟进行攻击，但雄鸟一见此情，就会找来食物送给雌鸟，以得其欢心而达到求爱的目的。

关键词：猴子　缓和行为

# 为什么猴子可以 "狼吞虎咽"地进食

人在吃东西的时候，不能"狼吞虎咽"地囫囵吞下去，因为这样会造成消化不良，增加胃的负担，影响身体健康。但是，我们在动物园里看猴子吃东西的时候，却看到它们"狼吞虎咽"地一口气吃下很多东西，只见它们把食物往嘴里塞，不见咀嚼，却从来没听说它们因此而闹病。

猴子为什么能"狼吞虎咽"地进食？

其实，猴子没有囫囵吞吃食物。如果你仔细地观察的话，就会发觉它们虽然在抢夺食物往嘴里塞，但从来没有把食物咽到胃里去。

原来,在它们的口腔两侧,各长有一个囊,叫做"颊囊"。颊囊的作用主要是用来贮藏食物。平时,我们看到猴子抢夺食物,倒并不是真正把食物吃下去,而是把抢到的食物放在颊囊中暂时贮藏起来,然后慢慢地咀嚼食物,再吞下胃去。

> 关键词:猴子 颊囊

# 为什么吼猴特别爱吼叫

在美洲热带丛林中,有一种古怪的猴子——吼猴。它是猴子家族中的超级大嗓门,一旦放声大叫起来,声音如同狮吼,震天动地,远在 1500 米以外也能听见。

吼猴习惯成群栖息在树林中,每当饱食之后,就要放开嗓门吼叫。这时,它们独叫、对叫、轮叫、齐叫,如果遇到暴风雨来临,叫起来就更起劲。这种疯狂的吼叫声,伴随着风声、雨声和大森林的回声,组成一曲恐怖的"交响乐"。

吼猴为什么如此热衷于吼叫呢?原来,这种动物大多是分族生活的, 各有各的势力范围。万一两个家族的吼猴狭路相逢,它们便不约而同地展开一场疯狂的吼声大战。这时候,整个森林中都响起了震耳欲聋的吼声,经久不息。这样的吼声大战,实际上是吼猴用吼声发出警告:不准越过边界。

有时候,分散活动的吼猴也常常发出吼声,不过此刻并不是为了示威,而是家族成员之间联络的信号。

除吼猴外,灵长目动物中有很多都有爱叫喊的习惯。例如

从此确立。有时候,马的身体某一部分发痒时,会去轻轻咬另一匹马的同一部位,意思是请同伴用嘴啃咬为自己搔痒。

关键词: 猴子 颊囊

## 怎样识别猴群中的猴王

动物园里最吸引人的地方可能就是猴山了。在一片不大的天地里,猴儿们上下跳跃,追逐嬉戏,宛若一个欢乐的小王国。我们知道,猴子是调皮捣蛋的小祖宗,奇怪的是,它们的调皮很少出格,那是因为猴王在管束着它们呢!然而,如果你是一名普通的游客,不了解猴群内部的关系,在偌大的猴山中,很难一眼认出谁是猴王。其实,猴王并不会混迹于群猴之间,你只要把眼光对准这块领地的最高处,独坐在大树或岩石顶端的那位通常就是猴群的领袖了。

猴王为了显示它那与众不同的地位,除了占领制高点外,还会把高高翘起的尾巴弯成"S"状,犹如一根至高无上的权杖,这种动作,猴群中的其他猴子是决不敢仿效的。

猴王在进食时也有特权,通常食物到来后,先由猴王挑挑拣拣,然后猴子们按照各自的地位高低依次进食,如果有猴子胆敢抢先,将会遭到猴王的严厉教训。

猴王还有独自享有交配的权利。一般来说,一群猴子的数量在 10 只左右,除了猴王以外,其余的猴子要么是雌性,要么是幼猴。如果猴群数量过于膨大,猴王可能会收伏一只流浪的雄猴做副手,当然,也可能再发展出老三、老四,这主要由猴群的规模来决定。

　　猴王享有这些独特的权利,也负有不可推卸的责任,那就是保护猴群中子民的安全和捍卫群落的领土。在交配时节到来时,猴王会变得焦躁不安,因为流荡在外的野公猴会时不时地侵犯进来,以谋求交配的机会,这样,猴王一方面要行使自己的交配权利,另一方面要随时准备打斗,驱逐入侵者,可想

而知,猴王面临的威胁是多么巨大。有时候,双方会发生激烈的打斗场面,这是一场生死攸关的搏斗,败走的一方轻的伤痕累累,重则不治身亡,如果入侵者侥幸获胜,那么,这个族群中的老猴王将会下台,胜利者自然而然成了新王国的统治者。

春天是小猴子的出生季节,活泼可爱的小家伙没几天就可以吊在母亲的身上一起跃起降落,或者常常互相追逐嬉戏。不过,它们无忧无虑的日子并不能持续很长的时间,一段日子以后,其中的小公猴就要被逐出山门,过起流浪的生活,直至完全长大。到那时候,它或者去想办法加入新的猴群,或者干脆挑战某个猴王,虽然常常难以避免失败的结局,但一旦挑战成功,就可以成为新的猴王,就有权坐在高高的树枝间,把尾巴弯成"S"状,得意扬扬地俯视它的臣民。

☞ 关键词: 猴王

# 峨眉猴为什么向人要"买路钱"

峨眉山是我国四大佛山之一,那里栖息着不少藏酋猴,当地人常叫它"峨眉猴"。

凡是上峨眉山观猴的人,都会听到这样的劝告:上山前为了能逗玩猴子又不被猴子纠缠,最好多带点花生、饼干或切碎的水果等食物,遇到猴群逼近要"买路钱"时,就抛一些在地上,趁它们忙于吃食或抢食时,赶快走开。

峨眉猴为什么向人要"买路钱"呢?道理其实很简单,这是人为造成的。

因为峨眉山是闻名中外的旅游胜地,游客络绎不绝,猴子久经世面,见人一点也不害怕。游客们为了增添旅途生活的乐趣,常用投食来逗玩猴子,这样久而久之,猴子就形成了一种条件反射——见游客就有食吃,于是出现了要"买路钱"的行为。

不过,峨眉猴在要"买路钱"的过程中,表现是通情达理的。例如你给猴子一颗花生,它就用手拿到嘴里咬开,吃下果仁丢掉壳,紧接着又向你要,直到你手中的花生都给它吃完,然后两手空空给它"检查",表示"我的花生全给你吃光了",它就不会再向你要了。

关键词: 峨眉猴　条件反射

# 大猩猩会使用人类语言吗

俗话说"人有人言,兽有兽语",彼此风马牛不相及。可是,如果选择一种智商比较高的动物,对它进行人类语言的训练,它会说人话吗?

这是一个十分有趣的问题,为了寻求其答案,一位名叫彭妮的心理学家,在本世纪的 70 年代,领养了一头年仅 1 岁的大猩猩,取名为可可。由于大猩猩的声带不同于人类,发音受到生理限制,彭妮决定采用聋哑人进行对话的手势语言。

教育的方式就像教育人类的幼儿那样,但需要具备更大的耐心。经过艰苦的努力,大猩猩可可终于学会了"喝水"、"吃"、"多一些"等简单的手语。有了这个良好的开端,可可的

大猩猩

学习进度开始加快，每年能掌握大约 100 个新词，到 7 岁时，它已经能使用 645 个手语词汇了。

随着词汇量的增多，可可不但能用手语与人交谈，还能听懂人说的几百个单词，并作出反应。例如可可在玩洋娃娃，将洋娃娃贴近自己的耳朵时会说："这是耳朵。"彭妮给它一杯牛奶,可可就高兴地说:"可可喜欢。"

可可有时很固执,会淘气,还会骂人和说谎,当它对你有愤怒情绪时就会骂"臭烂的"、"傻瓜"、"厕所里的脏鬼"等等。有一次,可可在嚼一支红蜡笔,遭到了彭妮的责骂,但可可马上用手语辩解说:"嘴唇。"然后假装用蜡笔在嘴唇上涂来涂去,意思是我根本没嚼,而是用它涂口红,化妆自己。

除了大猩猩可可外,科学家还对黑猩猩进行了类似的训练,同样取得了很好的效果。所有这一切说明,只要采用合适的教育方法,动物世界中的某些成员,也能和我们一样使用人类的语言。

关键词: **大猩猩　手势语言**

# 世界上有几种猩猩

众所周知,与人类关系最密切的动物是类人猿,它包括长臂猿和三种猩猩,即红猩猩、黑猩猩和大猩猩。

这似乎已成为一个基本概念,但随着动物学家的不断深入的研究,猩猩的种类可能比我们知道的要多。不久前,美国的几位科学家在中非扎伊尔低地热带雨林考察黑猩猩时,发现那儿的黑猩猩与普通常见的黑猩猩相比,在体形个头上,在行为举止上以及一些其他方面,两者都有很大的差别,因此,科学家将这种新发现的黑猩猩定名为"侏黑猩猩"。目前,地球上有"两种黑猩猩"的观点,已经得到学术界的公认。但由于侏黑猩猩分布区狭窄,且数量稀少,所以没有在动物园展出。

最近，美国哈佛大学著名科学家菲利普·莫林等人，在分子分类学的研究中发现：生存在西非、东非和中非3个不同地区的黑猩猩，它们细胞中线粒体DNA的排列顺序不同，于是便提出，世界上的黑猩猩不是2种，而是3种，即西非黑猩猩（普通黑猩猩，或叫黑猩猩）、东非黑猩猩、中非黑猩猩（又名侏黑猩猩）。虽然目前尚有一些科学家对莫林等人提出的"3种黑猩猩"观点还有争议，但莫林却认为，随着分子分类学研究的深入，不久的将来，他的观点一定会得到公认。

红猩猩

大猩猩一直被认为只有1种，在这个种下可分为西低地大猩猩、山地大猩猩和东低地大猩猩3个亚种。

最近，美国哈佛大学著名人类学家马里伦·鲁沃洛和她的合作者，通过对大猩猩的分子分类学研究后提出：目前世界上生存的大猩

黑猩猩

猩不是 1 种，而应该是 2 种。因为西低地大猩猩亚种与其他 2 个亚种，在细胞核中的 DNA 有明显不同。这一差别，比普通黑猩猩与侏黑猩猩之间的差异更大，所以应属于 2 个独立的种。鲁沃洛还推测，大猩猩这两个不同种的分离，可能在 300 万年前已经开始，从那时就进化为互不相干的独立种了，问题在于我们限于科学水平，没有能及时去研究并确定它。

☞ 关键词：猩猩

## 长臂猿行走，是用脚还是用手

传说，我国古代有一种双臂十分长的"通臂猿"，它行动神速，能够在树木间来去如飞。还传说，这种动物的两臂有自由伸缩的本领，能够一臂变短，一臂变长，彼此连通，因而叫它为"通臂猿"。其实，"通臂猿"是被夸张了的长臂猿。

在所有猿猴中，甚至在整个哺乳动物中，长臂猿是最机灵、最敏捷的臂行者和攀爬者。它的前臂特别长，身长 0.5~0.9 米，可是双臂展开却约有 1.5 米，站立时双手下垂可碰到地面，所以叫它长臂猿。

长臂猿主要生活在树上，特别喜欢在群山环绕、古树参天的森林中活动，其行动确实类似古代传说的"来去如飞"。因为它的前臂长而有力，所以常常采用"臂行法"，先用两条长臂把身体吊在树枝上，然后双臂迅速交叉移动，如荡秋千那样越荡越快，在树林中一下子就能飞跃 8~9 米空间，疾如飞鸟，身手灵活。一群长臂猿，以这种神速无比的"臂行法"掠过，刹那间就能消逝在百米以外，而且姿势十分优

美。

长臂猿虽然很少下地行走，但偶尔来到地面，就变得笨手笨脚，双臂根本发挥不了作用。因为它的两条腿不发达，而双臂又太长，站立起来可以触及地面，好像没有地方摆，只好朝上举起，用腿摇摇晃晃蹒跚而行，做出一副"投降"的怪模样，显得十分滑稽可笑。其实，它们举起双臂，主要目的是为了保持身体平衡，避免倒向一边。

> 关键词：**长臂猿　臂行法**

# 为什么类人猿不可能变成人类

除了人类外，类人猿是动物王国中最高等的动物，包括长臂猿、猩猩、黑猩猩、大猩猩。它们在外形上与人类最相似，在亲缘关系上与人类最接近，这是因为两者都有一个共同的祖先——古猿。

人类与类人猿有许多共同之处，那么随着时间的推移，现代的类人猿在往高级阶段的进化过程中，有没有可能变成人类呢？

在几百万年以前，生活在茂密大森林中的一些古猿，在同大自然的长期搏斗中，形成了群居的生活方式。他们一起狩猎，互相学习，共同合作，早早就走上了一条集体劳动的道路。通过这样的生活方式，他们充分运用大家的智慧，创造出了语言、文字和各种工具，同时还出现了手与脚的分工，将前肢从支撑体重的任务中解放出来，变成了能做各种精细工作的手。语言的出现和手脚的分工,促进了脑的发展,根据科学家测定,现代人的脑量要比古猿的脑量增加 2~3 倍。

古猿中的另一支分化成今天的类人猿,虽然也经过同样长的进化岁月,但它们只能利用简单的工具,不会创造工具,而且没有实现真正的手脚分工,尚未解脱动物本能劳动的范畴。

更重要的是,类人猿生活在森林中,过着小家庭的生活,与同类之间几乎没什么交往。它们没有社会生活,因此就不可能积累较多的生活经验,也无法互相之间进行交流,正是因为这种生活方式的差异,现代的类人猿想要变为人类是不可能的。

关键词:　类人猿　人类　进化

353

# 关键词汉语拼音索引

# 数字及外文字母

图书在版编目(ＣＩＰ)数据

动物传奇/金杏宝主编.—上海：少年儿童出版社，
2011.10
(十万个为什么)
ISBN 978-7-5324-8896-4

Ⅰ.①动... Ⅱ.①金... Ⅲ.①动物—儿童读物
Ⅳ.①Q95-49
中国版本图书馆CIP数据核字 (2011) 第217189号

十万个为什么

## 动物传奇

金杏宝 主编

总策划 李名慈　总监制 周舜培
陆 及 费 嘉装帧 刘 熊图

责任编辑 裴树平　美术编辑 赵 奋
责任校对 黄亚承　技术编辑 陆 赟

出版 上海世纪出版股份有限公司少年儿童出版社
地址 200052 上海延安西路 1538 号
发行 上海世纪出版股份有限公司发行中心
地址 200001 上海福建中路 193 号
易文网 www.ewen.cc　少儿网 www.jcph.com
电子邮件 postmaster @ jcph.com

印刷 山东新华印务有限责任公司
开本 787×1092　1/32　印张 11.875　字数 256 千字
2014 年 8 月第 1 版第 4 次印刷
ISBN 978-7-5324-8896-4/N·933
定价 20.00 元